黑暗中，
我們有幸
與光同行

許伊妃—著

序 ————
人生，轉泊

　　談起我們的工作，說真的，就是遊走在人生最終點的一群人，一群徘徊在世界末端的人。常聽見低潮的人嘴上總會掛著：「就像世界末日了，快要死了不能呼吸了～」而我們，就是那群待在末日盡頭的人。

　　每當我失落、迷失方向時，常常一個人坐在殯儀館的某個角落，看著人來人往的景象，盯著靈柩從眼前來來去去，就這樣一個人從白天坐到黑夜……每次結束這樣突兀的行為，總讓我覺得彷若重生，同時也解答了內心所有的疑惑不解，接著，我會從殯儀館內繞一圈，然後慢慢地走出、走出……走出那個自己讓自己漩入的萬丈深淵。

在殯儀館或是往生室工作的人，通常因為忙碌的關係，也因為轉換跑道的不易，這個地方通常只進不出。我們這群人，身上染了一身黑，不只是工作制服黑，也不單單是被外界定義的奸商賺很大、死人錢好賺、黑道包覆等等的幽黑印象，我們幾乎一天 24 小時都在這個情緒、這個環境，見到的幾乎全是眼淚、憂愁、後悔、痛苦、遺憾，也讓我們的心靈需要更人的調適，因為在這個地方，我們見到了所有的現實，看盡了人生最後的所有篇章。

常聽到有人說：「你們這一行的應該做久了、看多了，對這些事應該就麻痺了吧，應該看比較開了吧？」或許吧，某些豁達的同行能將死亡看淡，但我沒有辦法，我接手來回過數百個家庭，閱覽愈多，我愈是害怕，愈是畏懼「那一天」的到來，愈是無法想像，如果今天換作是我，離世的是我的至親，我該如何接受，我該如何圓滿？

這一條路上充斥著兩種極端的人，一種即是將死亡「看淡」，生離死別在他眼裡，就像一頁簡單、輕鬆可翻

閱的一個過程，他們說這叫「豁達」；另一種則是像我這樣害怕死亡，恐懼這樣的場景，或許有人會覺得這是「膽小」，但是我想說到這裡，你們內心應該充滿了很多為什麼，為什麼會害怕？就回歸到上一段我說的，因為我們提早翻閱了人生最終回，而這短短幾頁裡頭，我看見的不單單只是生離死別，最能衝擊我的，是那些悔恨跟痛苦；人的一生走到盡頭，是不會再有回頭的機會，而難以追捕的是，沒有人能夠預測這一天什麼時候會到來，沒有任何的預防措施，更沒有多餘的空間去喊痛。

　　一般人對殯儀館充滿忌諱，就連騎車開車可能都會特別繞過，但，也讓這些幸福的人們錯過了學習「珍惜」的機會。有的人，一生只會踏進兩次殯儀館，無非是父母親的離世；人因為畏懼，而害怕去面對，我在這個地方看見最多的，就是後悔！

　　哭著爬回來，用無比顫抖的聲音告訴媽媽：「我回來了……」因為生前賭氣離家，在父親遺體前頻頻磕頭，因為生前的爭執衝突，在太太靈前抱頭痛哭，因為一句來不及說的「愛妳」……每每看見這些畫面，我的腦海始終

只有這幾個字「來不及了，真的來不及了⋯⋯」，即便再心酸，時間也無法倒回。

在這個地方，有人花大錢，布置了華麗有派頭的會場，有人簡單隆重地送摯親最後一程，常常有人問我，這樣會不會太寒酸？這樣會不會太簡單？我總是告訴家屬，你的心意不簡單，你的真心最純粹，這一切最重要的是自己心裡誠摯的溫暖，而不是那冷冰冰的排場；告別式是人生的最終點沒錯，但時間久了，就像放入塔的那罐灰，隨著時間的消逝，慢慢地也沒人記得⋯⋯他是誰、你是誰，但是永遠不會褪色的，是你與至親摯愛一輩子的回憶，而存檔的地方，在哪？嗯！腦海裡。

不知道你認真看完我將近一千多個字，你的心裡想了些什麼？想做什麼？出現了什麼片段？你是豁達的那群，還是跟我一樣膽小的那一票？人生很簡單，呼吸就能活著，睜開眼就能存在，但怎麼給自己一段不後悔且毫無遺憾的歲月，是最艱難的課題。

人沒有經歷過一次的失去，不會知道這個傷口有

多痛、有多深，也不會知道生命是稍縱即逝、不眨眼地就畫下句點，不留任何餘地，留給我們的，就只有從眼中、心肺落下的淚水，那樣的鹹苦。

　　我常常警惕自己，把每一天當作最後一天，每一天道愛道歉，道謝也道別，但我依然害怕，害怕的不是死亡，是面對！不敢面對的是遺憾，造成遺憾的，是想給予的太多，卻追不上時間與現實。

　　文章說到這裡，我有所感慨的依然是我最愛最愛的外婆，歲月催人老，看著您的烏絲變銀線，看著您手中拿著的從飲料咖啡，換到藥瓶藥水，活躍的身子到現今緩慢的步伐，心臟的變化、臉上的皺紋……跟您說話時，我總覺得您不理我了，我總是故意假裝生氣地說：「阿嬤都不理我」，其實是想無視旁人的提醒，阿嬤耳朵退化了；我每天告訴您：「我好愛您呦」，看見您罵人，我都睜大眼睛看著您不說話，心裡想：萬一哪天您不罵了怎麼辦？看著您睡著的容顏，也想著：若此刻一動也不動了怎麼辦？因為害怕，所以忍不住就叫醒您了。

　唉。嘆了聲氣，再怎麼想逃避，也無法抵擋歲月的倒數，再怎麼拉扯，也知道有天，您也將長眠……長眠在哪，就在我心裡，而我會記得的，是您一輩子的付出，還有我永遠愛您。

　我在這個行業，學到了如何為人生著色，為記憶建檔。

Contents

Black. 最後

White.

緣起

最初想當白衣天使，現在卻身穿黑衣。
曾經叛逆、不上學，做什麼工作都做不久，
也曾經陷入低潮、憂鬱……

但那些曾經，都造就現在的我。
請聽我娓娓道來。

01 故事，從我的阿嬤說起

> 我才發現，這應驗了阿嬤當初所說的，當我把自己放在對的位置，不管多苦都能忍，不管有多少挫折，我都想找到辦法突破，而不再找藉口去逃避。

　　每個加入殯葬業的人，都有一個故事，而我的故事，要從我的阿嬤（外婆）說起⋯⋯

　　在我還在念幼稚園中班時，父母就離異了，我可以說是阿嬤帶大的小孩。記得，小時候的阿嬤超級忙碌，那時的她，總是打扮得漂漂亮亮、常常跟姐妹淘們聚在一起打牌。若有人問起她在哪，親戚總是開玩笑地回：她不是在打牌，就是在通往打牌的路上。

直到某天開始，阿嬤突然時不時地就會口中唸唸有詞、莫名其妙地在神明桌下打滾，甚至上演一些令人摸不著頭緒的戲碼，例如：堵住門口、擋住正要進去上廁所的阿姨，告訴她：「妳的健康出了很大問題，必須讓我檢查檢查身體！」

就這樣，阿嬤從一個人人稱羨的貴婦，變成了人見就躲的怪人，還被誤以為是精神病患者。

折騰了好一陣子，大家才發現──原來，阿嬤有通靈的體質！她自己也才認清，原來已經到了要接旨神諭，幫神明「辦事」的時候。漸漸地，阿嬤才從「怪人」正名成「通靈師父」。

成為通靈師父的阿嬤，時常看見我一個人坐在小板凳上，無師自通地畫著符咒似的圖案，多次跟我曉以大義：「妹妹啊，妳是註定要跟我走同一條路的！」或許，阿嬤在那時候就已經看出了我的天命，但年紀還小的我，完全不想要被貼上仙姑的標籤，說什麼就是不肯屈服跟相信。

可能因為在最需要父母關愛的時期，他們卻不在的關係，從小我就是個很有自己想法的小孩，才國小二年級的我，竟然敢自己打電話去學校請假、不去上課，而國中生涯三年，我竟能轉到三次學，高中考到護校，還因為常常遲到念到退學。

曾經立志要當護士成為白衣天使，雖然高中讀了護校，但因為沒有好好用功唸書，沒考上當初理想的護校，最後念到退學只好轉去高職、接觸了生命禮儀。沒想到白衣沒穿到，反倒穿上了這一身黑色制服。

回想過去，為了要破除阿嬤的仙姑說，每段時期的工作硬是繞開阿嬤的勢力範圍，嘗試很多不同類型的行業，像是到咖啡廳當服務生，結果受不了老闆的管理方式，我發了好大的脾氣，摔了杯子就走人，自以為這就叫有個性。

也當過服飾店店員跟公司的行政助理，結果因為覺得工作好辛苦，一個月才賺那麼一點錢就不想幹了，自以為這就叫主張。

　　學廣告的我也當過室內設計師助理，結果工程案子需要早起，某天早上睡過頭，索性就不去上班，直接睡個過癮，以為這就叫率性。

　　怎麼知道，命運是妳怎麼躲也躲不了！踏入殯葬業，耐住脾氣是服務亡者跟安慰家屬的基本修養；工作時間跟獲得的報酬也不見得比打工仔多；即使是早上四點鐘，只要是工作需要，多早我都得趕去接體。

　　我的個性跟態度，全都因為這份工作有了 180 度的人反轉。

　　我才發現，這應驗了阿嬤當初所說的，這就是天命，當我把自己放在對的位置，不管多苦都能忍，不管多早我都爬得起來，不管有多少挫折，我都想找到辦法突破，而不再找藉口去逃避。

02 成為帶給別人溫暖的太陽

很多家屬曾對我說，當他們在人生最無助的時候遇到我，
我給了他們最好的協助跟陪伴，就像在寒冬中被太陽照耀
般溫暖。這正是老師教會我最受用的一件事。

我真正叛逆的時期，是在國中。因為在學校比較出
風頭，因而被學姊們盯上、霸凌，求助無門下，只好用
學壞來保護自己，也展開了一段匪類的青春。

我是師長眼中的小太妹，同學的父母甚至不准他
們的孩子跟我玩在一起，深怕會被我給帶壞。轉學沒多
久，我成為了這附近學校的知名頭痛人物，做了很多不
在正常軌道上的事，開始學會蹺課翹家、對家人頂嘴不

禮貌、打架飆車。

　　但是，正是這段慘澹歲月，改變了我的一生。

　　從國中開始，我是一個幾乎被學校放棄的孩子，唯有國文老師緊緊抓住我不放，因為她看出了我臭石頭般的頑劣個性下，有些地方仍發著光。

　　父母在我幼稚園時期就離異了，也就是當我正需要被照顧的時候，媽媽不在身邊。從小跟著通靈阿嬤長大的我，身邊充滿了很多跟一般同齡孩子不一樣的故事跟遭遇。

　　還記得國中每次寫作文，題目一下來，其他同學總是絞盡腦汁想著，這次又該編個什麼樣的故事才足夠引人入勝；但我總是隨手一抓，就有一大把活生生的故事可以寫。

　　由於作文裡頭寫的都是我自己的真實故事，國文老師也從一字一句中，漸漸認識了真正的我。有一次，老

師在文章裡看到了我從小父母離異，家庭缺乏溫暖的故事，還私底下特別寫了一封信給我。

信中她對我說：

小美眉：

　　不管你現在能給他人多少溫暖，別人肯定是可以感受到的。

　　也許，你也是一個需要溫暖的人，但是現實環境造化弄人，變得你是運輸幸福的人，而不是那個理當接受祝福的孩子。

　　沒關係！都是幸福，都是良善。

　　在同一所學校，就是我們的緣分，好好把握青春，不管現在表現得好不好，將來一定要走過，對吧！

　　要從谷底爬起來本來就不容易，

　　一步一步來，給自己最大最持久的信心，加油。

范媽

　　這封信至今我都好好地收在抽屜裡，當我需要正面能量的時候，總是會把它打開來重新閱讀一次，很快就又充飽電了。

　　我考高中的成績可以說是一蹋糊塗，但是在國文老師的鼓舞下，作文竟然考出了六級分，簡直跌破所有同學的眼鏡，唯有老師理所當然地認為，這原本就是我的程度跟實力。

　　仍記得國三的那個冬天，老師特別送給我一個聖誕禮物。當時全班同學都在午睡，她悄悄走進教室，在我桌上擺了禮物，那是一隻可愛的小麋鹿。或許，老師想要藉由這個禮物，讓我這隻暫時「迷路」走偏了方向的孩子，有找到路的信念跟力量。

　　「成為別人的太陽」一直到進入殯葬業後，仍是我的座右銘。甚至有不少家屬也曾經對我說過，當他們遇到家人過世，在人生最無助的時候遇到我，我給了他們最好的協助跟陪伴，他們說看到我就像在陰冷的寒冬被太陽照耀般溫暖；而這樣的能力，正是老師教會我最珍貴、最受用的事！

03 親戚姐姐的喪禮

參與了 SPA 的整個過程後，讓我對於服務遺體產生了濃厚的興趣，總覺得可以讓亡者以最好的面貌走完人生的最後一程，是一件非常神聖、又有意義的事情。

很多人知道我從事的工作後，最好奇的兩件事就是：「是怎樣的因緣際會讓妳從事這個行業？難道不會怕嗎？」我總是回答：「怕，就不會在這裡了！」

從一個壞孩子成為一個送行者，真切感受到阿嬤所謂的天命，轉捩點就在國中畢業那年，參加了一場親屬的告別奠禮。

　　亡者是一個年僅 20 歲的親戚姐姐。

　　這是我第一次看見接體車，看見屍袋裹著遺體，看見家屬悲痛不已；也是第一次走進殯儀館冰庫，踏著潮濕的地板，呼吸著冷冷的空氣。

　　周圍放置著蓋著往生被的其他人德，有的露出腳，有的露出手。祂們與我們天人永隔，卻又如此靠近，這種說不出的感覺衝擊著我幼小的心。

　　我跟阿嬤還有媽媽一同進去看姐姐，我看著躺在那裡，身體早已冰涼的姐姐，久久無法自己。當我回神時，阿嬤跟媽媽已走遠，兩個人驚訝地在門口討論著：「妹妹怎麼敢一個人在裡面待這麼久？」

　　那年我 15 歲，手中握著姐姐的遺物，滿腦子想著：「姐姐為什麼不會動了？阿姨明明說前一天晚上出門前還跟姐姐通了電話，之後她卻再也沒回家了……」我對這一切充滿了想一探究竟的好奇心。

　　而整個治喪過程，給我更大的震撼是參與了姐姐的
「遺體 SPA」。這個儀式強調三點不露、溫水洗淨，家屬
可全程參與。

　　兩位遺體淨身師用莊嚴的神情對姐姐行九十度鞠躬
禮，幫姐姐用精油按摩全身，手法溫柔且專業，整個儀
式既莊嚴祥和又溫暖潔淨。

　　我彷彿能感覺姐姐僵硬的身體，在淨身師的按摩
下，一寸一寸地綻放甦醒。這是一個悲傷卻溫情、冰涼
卻柔軟的畫面，我看得入迷了，整個人沉溺在前所未有
的氛圍裡。

　　就是小姐姐的這場喪禮，正式啟動了阿嬤一直跟我
提起的天命；也因為參與了這個神聖的遺體 SPA，造就
我後來成為喪禮規劃者後，我都會給家屬一個觀念——
與其把錢花在給活人看的豪華花塔或是繁複儀式上，不
如把這兩萬多塊留下來，真正用在亡者的身上，讓祂們
體驗舒服而有尊嚴的淨身儀式。

重要的是，家人也能在一旁陪同，這應該才是亡者跟家屬需要跟想要的，不是嗎！

參與了 SPA 的整個過程後，讓我對於服務遺體這件事產生了濃厚的興趣，總覺得可以讓亡者以最好的面貌走完人生的最後一程，是一件非常神聖、有意義的事情。

彷彿有緣分牽引著我，19 歲的時候，我在臉書上找到了一位非常有經驗的遺體修復老師。當時媽媽把我留在她的餐廳工作，但是一心想進入殯葬業的我，還是留言給老師，向她訴說要不是礙於家人反對，自己現在早就飛到她身邊去學習了。

當時老師以過來人的經驗叮嚀我，千萬不要跟家人吵架，一定要好好溝通，因為殯葬業這條路已經很不好走、很辛苦了，所以更需要家人的支持跟認同，別再跟家人革命了。

幾番訊息往返，素未謀面的老師，似乎感受到了我的求學若渴，某天竟然跟我說：

「妃妃，今天我在苗栗通霄有個案件要處理，如果有興趣的話，可以帶你一起去見習。」

這是一個多麼難得的機會！我甚至還不是老師的學生，也沒有繳過錢上過課，她竟然就願意帶領我親上現場！我二話不說直奔通霄。

亡者是一個 18 歲的妹妹，車禍過世，一直到她離開人世，親生母親才出現。看見祂不過大我兩歲的青春臉龐，聽聞祂坎坷的身世，我的心頭一陣酸楚。

一般淨身師在服務遺體時，多半是用清水將亡者的髮膚沖洗乾淨，就算大功告成；但是老師在幫女孩淨身前，卻慎重地詢問家屬：「女孩平常喜歡用哪種洗髮精、哪款香皂？哪些保養品？」希望家屬們能盡量提供。因為老師希望女孩的最後一次沐浴，是在最舒服、最愉悅、最熟悉的狀態下進行。

接著，老師開始幫女孩洗頭，在幫祂沖洗頭髮時，不斷有血水湧出，我在一旁看著都感覺到疼痛。老師微

皺著眉頭按摩女孩的頭，像個媽媽擔心女兒一樣，心疼地安撫她：「妹妹不要怕，阿姨幫祢找到傷口，縫起來後，就不會流血、就不會痛了……」

當時，我能感受到這位女孩已經完全把自己交付給老師。很快地，老師發現傷口不是在頭上，血水是從女孩的耳朵流淌出來的，最後，終於找到適當的方式按耐住血水跟傷口，我知道女孩在老師溫柔細心的照顧下，不再感到痛了。

那一刻，老師的舉動讓我深深體會到什麼叫做視喪如親，那顆真摯的同理心有多可貴。對我來說，這比再高超的洗頭或修復技巧都來得重要，更能暖進亡靈跟生者的心裡。

老師的每個態度、每個動作，家屬都看在眼裡，回饋給老師的，是無比的信靠跟安心。老師的出現，對家屬跟亡者來說，就像一顆救星般閃耀著光芒。

站在老師旁邊，我有種與有榮焉的感覺，那時我告

訴自己，將來也要成為一位像老師一樣這麼值得尊敬跟
信靠的修復師，而我知道，有朝一日我一定能做到！

我後來去上了老師的課程，和同學們一起和老師合影。我左邊是
遺體修復老師、右邊是另一位對我也很有影響的法醫老師。

04　不愛上學的我，這次不再蹺課了！

> ● ● ●
>
> 我讓過去的老師以我為傲，跌破眼鏡。這次我不再蹺課，
> 而且努力把課堂所學，都灌溉到現實上去！
>
> ● ● ●

　　經過了姐姐的喪禮、與遺體 SPA 老師的教導後，我迫不急待上網查詢跟禮儀師相關的所有課程跟資料。從小，我跟阿嬤吵著想學的東西不少，但總是三分鐘熱度，過沒多久就放棄。但這次阿嬤仍「不計前嫌」地掏錢讓我去上證照班。就這樣，我正式踏上了殯葬業的探索之路。

　　那時候，我還是個黃毛丫頭，上課有時會打瞌睡，

有時會遲到，因為不懂事，有次遲到還自做聰明地跟老師說火車「塞車」了。但不管如何，總有一股力量鞭策我，每天勤勞地從桃園搭車到台北上課。

九個星期後，我終於要迎接人生的第一次的「大試」：喪禮服務丙級證照考。怎知考試前，我遇到了一連串接踵而來的考驗！

考試當天，我要搭火車到新竹考試，考試用的化妝品竟然在前一天晚上離奇地失蹤不見了！於是，我計畫當天提前兩個小時出門，好跟住在楊梅的同學借化妝品。心想這樣一定萬無一失，信心滿滿地走到火車站時，竟然發生了更慘的悲劇。

「天啊！為什麼看板都沒有顯示時刻表？」
抬頭看告示才發現，火車竟然發生事故全面停駛。當時真是晴天霹靂，我一個人蹲在車站門口，覺得好無助。

我打電話給當時實習的禮儀公司老闆，沮喪地告訴

他我可能無法去考試，要讓他失望了。現在回想起來，真的很謝謝他，是他告訴我此路不通就改走別條路，不管怎麼樣一定要趕去考試，就算坐計程車也要去，就算第一次可能沒考過也要學個經驗回來。

那時候還是學生的我，根本不會想到要坐計程車，因為一段這麼遠的路，只知道車錢一定很貴很貴，還好我的老闆安定了我的慌張：

「妃啊，你現在冷靜，坐計程車去，車錢我們幫你出沒關係！」

就是這句話，讓我振奮了！

正當我準備上車時，想到了更嚴重的問題……丙級證照考的遺體化妝要帶模特兒（當然是活人）！而我的模特兒人在台北，她一樣會遇上交通癱瘓的問題啊……。緊急打給模特兒，她在電話那頭告訴我：「沒關係，我一定會想辦法在妳考術科前趕到，妳現在要做的事，就是絕對不能放棄！」

　　於是，我帶著他們給予我的勇氣，拿到化妝品後馬上再趕到新竹考試。眼看時間就快到了，我的模特兒卻還沒出現，我絕望地為自己黯淡的前途嘆氣。就在即將放棄時，模特兒終於氣喘吁吁地向我奔來，那個不離不棄的姿態，真是我見過最最美麗的身影。

　　還好有老闆跟模特兒這兩個貴人，因為他們教會我：只要堅持下去，就沒有什麼不可能！讓我順利考完試，也如願考到我人生的第一張證照。證照班老師也以我為傲，對著全班同學說：「想不到全班年紀最小的同學，竟然考過了。」

　　然而，一張證照並不是成功的里程碑，它是理論與現實搏鬥的開始。考試過關之後，我學到的還只是表面，實際上有很多東西是考不出來的。我跟很多應試者不一樣，我是先上課後才去工作的，所以更能深刻體驗：「課本上教的，跟現實上做的，真的是差很大啊。」

　　就像我第一次實際接觸到遺體淨身，跟書本上寫的就完全不一樣。但我很感激第一次上天就給了我這個「魔

鬼訓練」。記得第一次打開屍袋，因為遺體已經開始腐敗，濃濃的一股味道衝鼻而來，當時的我不懂，還以為所有的遺體都是這個味道。

那天過後，連續好幾天，我呼吸到的全是那個腐敗的氣味。就連睡覺時躺在媽媽旁邊，我還跟她說：「媽，我覺得我現在躺在這聞到的全是遺體的味道。」媽媽都被嚇到久久說不出話來。

另外，我在課本上學到的是面對亡者，態度要畢恭畢敬，做任何事情都要告知亡者，切記不能從亡者頭上繞過。但我實際看到的卻是前輩叼著煙，拿著亡者的壽衣開玩笑試穿，還可能因為遺體重量的關係，只能用倒的入棺，我甚至聽過「咚！」的一聲，卻沒有任何人告知亡者或跟祂道歉，我整顆心都被揪疼了。至此之後，只要是與前輩一起幫忙淨身，入棺前我都會躲到門口，摀著耳朵，深怕又聽到那個粗魯又殘酷的聲響。

因為當時是菜鳥，很多事情只能跟著做，若對亡者說太多話，前輩們還會覺得妳是神經病；但執行儀式

時，我仍堅持課堂上所學，一一向亡者告知我執行的所有動作跟意義，希望在最後的一哩路上，祂們能獲得最人性化的照顧；也期許自己哪天可以獨當一面時，必定要給每位亡者最好的服務。

從前我承諾自己的現在都做到了，感謝課堂上師長教會我的「視喪如親」。（16歲時和證照班老師的合照）

05 曾經的憂心纏身

> ● ● ●
>
> 等到哪天能從心魔手上把自己給拯救下來，我也要像班主任那樣，去幫忙更多跟我一樣憂心纏身的人，想到此，我感覺自己的正面能量又更強大了。
>
> ● ● ●

　　工作經驗隨著年齡逐步往上攀升，從做雜事的小妹、會館接待、司儀、遺體美容、修復……幾乎什麼職位都待過，我對這個行業的熱情不減，但是只要是人，都有過低潮。

　　因為一段感情，我陷入了前所未有的憂心纏身，情緒忽高忽低，自己都感覺自己失控了。這對執業上需要安撫家屬情緒的殯葬業者來說，是雪上加霜的致命傷。

　　朋友硬是把我拉出門散心，我主動跟朋友提起，自己很不對勁，需要看醫生，但是病因不明，也不知道該上哪個醫院？該找哪個專科？

　　正一籌莫展時，我的手機突然響了起來，對方喚了一聲只有某些人知道的兒時小名，然後突然冒出一句：「妳還好嗎？」聽到這句話，電話這頭的我，悲傷像水龍頭被扭開了一樣，不由自主地掩嘴哭了起來。

　　「雖然我們已經失聯很久，但我都有注意妳的網路社群訊息。最近妳的留言，別人看來或許沒有什麼不尋常；但是看在我眼裡，妳的每句話都像是在求救！」

　　打電話給我的，是小時候的補習班主任，說他是從小看著我長大一點也不為過，回憶就這樣跟著臉上的淚水一起不斷湧出。

　　在學時，我是個慣性翹課的學生，主任知道只要我每次說家裡有事，或是身體不舒服等不能去補習的一百種理由時，我人不是在鬧事，就是在往鬧事的路上。

　　當時的我天不怕地不怕，就怕這個班主任，他就像如來佛，個性再頑劣、法力再強大的潑猴，都逃不出他的手掌心。

　　有一次我又藉故不去補習，他到所有我可能會去的地方硬是把我給揪了回來。說謊的下場，就是手心伸出來十大板伺候。

　　說謊對主任來說是很嚴重的品德問題，那十大板下手之狠，全班睜大眼睛，鴉雀無聲。結束後，我只記得被處罰的當下，有無數被炸開的肉花綻放在我的手掌上，那種痛是深入骨子裡的，惡劣如我，還是漸漸被主任給打醒了。

　　說也奇怪，班主任對大家如此嚴格，畢業時，一個個像我一樣被他狠 K 過的學生，還是會跑去擁抱他、感謝他。

　　電話那頭的主任，開始和我說起他的故事。

　　曾經，他也以為他會終其一生，都在教育這塊夢田上持續耕耘；但時代變了，他的做法跟理念現在卻被學生當垃圾一樣地丟棄；到後來，一直讓他最有動力的學生，也變成了他的心魔根源。

　　有段時間他離開了教育界，努力讓自己從憂鬱症中走出來；而走出來的他，又花了一段時間才回到教育界。在走過憂鬱症的同時，上天也給了他這樣的技能，讓他也開始往心理諮商這條路走，因為他知道自己可以以「過來人」的身分，幫助到更多跟他一樣的人。

　　我這時才恍然，為什麼他能一眼看出我的無聲吶喊。

　　「你什麼時候有空，可以跟我聊聊，或許我能幫到你。」主任說。
　　「主任，我可以等一下就去找你嗎？」在茫茫大海漂流許久，終於看到浮木靠近，我立刻伸手想一把抓緊。
　　「來之前不要吃太多東西。」他特別叮嚀我。

　　我不懂為什麼，向主任詢問之後，原因竟然是他怕

我在諮商的過程中，因為哭得太用力而把食物全都吐出來。

　　剛聽到這樣的理由時，我一度還覺得主任想太多了，我雖然很無助，但是也沒到這麼脆弱。但很快，我就被自己打臉了。

　　跟主任見面後，他首先發現我是個有嚴重睡眠障礙的人。我跟他說，這可能是因為交往過的男朋友給我的後遺症。像莫非定律一樣，我愈是怕遇上愛玩的男人，愈是會遇到這樣的對象。

　　每次我半夜醒來要找人時，發現身邊的他都不在，久而久之，讓我一直有種要是熟睡的話，身邊的人就會離開我、背叛我的恐懼感，所以我始終無法好好睡上一覺，總是會在半夜三點一到就醒過來。

　　「妳再仔細回想，『第一次』半夜醒來，發現身邊的人已經離開妳了是什麼時候？」

　　在主任不斷的引導下，我才漸漸想起，第一次半夜三點從某個人的臂彎醒來，卻發現枕在頭下的的臂膀，早已不是原來那個人的「恐怖」經驗，是在剛要讀小一的那一年。

　　那年的某一天，跟爸爸離婚的媽媽回來了，那天我好快樂，晚上她哄著我入睡，向我承諾，這次回來就不會再離開了。我小小的身軀安心地停泊在媽媽的臂彎裡，以為從此不再飄盪。

　　怎知半夜醒來，我發現圈住我的人已經從媽媽換成了姊姊，我呼天搶地、嚎啕大哭到幾乎要昏厥過去，我永遠記得那時牆上的鐘，正好指著半夜三點。

　　就是從那一天開始，我總是無法讓美夢延續到半夜三點，尤其是身邊有人的時候，我一定會在那個時間點醒來，因為直覺告訴我，身邊的人已經悄悄離開，已經背叛我了。

　　「儘管外表偽裝得再強大，妳仍是一個沒有安全

感，渴望家人、渴望愛的小女孩。」主任說。

聽到此，我已經開始止不住臉上的淚，猶如狂風暴雨，劇烈到邊哭邊乾咳，我感覺身體裡的所有悲傷、埋怨跟不甘，都一一被掏了出來。

我哀怨著這一切都是因為我沒有一個完整的家，父母離異時，哥哥姐姐們都大了，他們都享受過家境優渥的好生活，為什麼只有我，正要開始成長時，家就破碎了？明明前一天還塞滿玩具的房子，一覺醒來，卻只剩下一隻已經沒有銅板的紅色塑膠小豬。

「妳以為當時什麼都不懂、最需要照顧的老么是最大的受害者嗎？妳有沒有想過，當時最懂事的大哥在想什麼？遭遇了什麼呢？」

我的補習班主任，當年同時也是哥哥的補習班主任，他這才告訴我，家道中落後，哥哥當年是怎樣被同學嘲笑跟欺侮，只是我的反彈是把自己變壞、變強大，哥哥的方式卻是把自己縮小，甚至藏起來。

　　我一直以為哥哥是一個沉默無語、沒有情緒的小孩，原來這只是他的保護色。原來在這個家，最有資格鬧情緒的人或許並不是我，只是有些事情我沒有看到而已，我不禁自省，是否太放大了自己的問題跟悲傷？

　　主任一點一滴地幫我挖掘出長久以來造成我心理不安與躁動的根源，試圖幫我從心魔的手上一寸一寸給拉回來。在主任的專業諮詢下，我似乎漸漸找到可以掌握自己情緒的方向跟能量。

　　我也默默的期許，等到能從心魔手上把白己給拯救下來，我也要像班主任那樣，去幫忙更多跟我一樣憂心纏身的人，想到此，我感覺自己的正面能量又更強大了。

06 在終點看到了起點

> 憂心纏身的我本來選擇把自己藏起來，當一個職場的逃兵。長官卻拒絕了我的辭呈，他說：「愈是走投無路，愈該往外走，才有機會闖出一條新路來！」

以前別人問我遇到壓力時，要靠什麼來紓解。我總是不加思索地說：「靠家屬，當我每接一個案件，看見他們從哭泣到能對我展露笑臉，這就是最療癒的良藥。」

大家聽了都很驚訝，這也是我進入殯葬業很引以為傲的一件事情。但，曾幾何時，當我看見家屬時，我竟然想要閃躲他們的目光，推開他們的情緒；當我察覺自己這個變化時，我知道自己生病了，我無法再好好服務

家屬，那麼留在這個行業的意義是什麼？

　　那段時間，我的身體裡住了兩個我，一個是正面的，一個是負面的；而負面的那個自己，總是很輕易地就能讓正面的我就範。

　　負面大獲全勝的我，決定做個逃兵，向公司提出離職，卻被長官擋了下來，他說：「愈是走投無路，愈該往外走，才有機會闖出一條新路來！」於是，他幫我申請轉調單位，暫時讓我做一些不用深入案件，單純接待的工作。

　　就在轉調工作前，我仍在值班，急診室傳來訊息要我們去接體，那天因為是大半夜，我還來不及戴上隱形眼鏡，就跟著學長前往急診室。

　　亡者是意外過世，送來時還是個沒有家屬認領的無名氏，頭部明顯有一大片血漬，看到此我們已經心中有數。學長走過去，掀開蓋在亡者臉上的紗布後，驗證了我們的臆測：「嗯，是跳樓。」

當時被心魔纏住的我，怯懦地縮在一角，完全不敢上前去觸碰遺體。因為朦朧的視線裡，我發現亡者的髮型，蓋著紗布露出的額頭弧度，身上的刺青，還有紅色上衣搭配短褲的穿著，竟然跟我感情最好的舅舅如此相似。

我的舅舅患有嚴重的躁鬱症，發病時也曾鬧過自殺，他住的地方也正巧在這個區域內，這一切的巧合，叫我怎能不往壞處想。在這麼寂靜的大半夜，在這樣冰冷的太平間，在心中負面的我總是居於上風的狀態下，我的腦子一片漆黑，我的手腳被恐懼綑綁。

其實當時只要走上前去掀開紗布，就能確認躺在床上的那個人究竟是不是舅舅，但是我卻說什麼也沒有勇氣去揭開解答。

就這樣，我守著這具無名氏大德一整晚，一顆心高高懸著。

直到第二天早上，遠遠傳來一個捶胸頓足、歇斯底里地哭喊聲：「你為什麼這麼傻！為什麼這麼傻！」

　　來給亡者一個名字的人，是他的女友，一名空姐。昨天他們吵了一架，長期憂鬱症的男友選擇了輕生作為結局。

　　確認了不是舅舅之後，我不禁鬆開了緊繃了整夜的肩頭；但旋即，心又揪了起來，因為躺在眼前的那個人不是我的舅舅，卻有可能是我自己。

　　這段時間我受感情折磨，心中的兩個自己，不也常常一個叫我生，一個叫我死嗎？我總是站在懸崖邊，往前一步就是天人永隔。

　　看到眼前跳樓的大哥，就好像看到了自己的結局。但，這就是我想要的嗎？我的淚水在空姐不甘心卻不得不放手的哭喊下，不自覺地流成了一條無止盡的河。

　　這個案件過了兩天，我轉調到新單位，到了新的服務地點，接到的第一個案件，也是自殺的亡者。

　　媽媽說女兒長期受憂鬱症之苦，情緒像瓷器般一碰

就碎，為了不讓她因為工作或是壓力受到傷害，一直都讓她在家好好休養。沒想到如此地呵護備至，最終她仍選擇吞安眠藥離開人世。

聽著媽媽傷心地說著關於祂的點點滴滴，看著照片裡祂年輕漂亮的笑臉，突然間，我覺得自己彷彿在照一面鏡子，聽著別人說自己的故事……

我心中那個不知道該怎麼活下去的妃妃，總是對另一個想找生路的妃妃百般勸說著：「既然這麼痛苦，不如拿酒配安眠藥，一了百了求個痛快……」

那時，想活的我，只能趕緊將醫生開給我助睡的藥全交給母親，並向她求救：「不管我怎麼說，千萬不要把藥給我！」當時我跟母親抱在一起，彼此都是那樣的害怕跟無助。

此刻我才領悟為什麼長官要撤回我的辭呈；要是當初長官沒有攔住我，要是他就讓我回家好好休養，那麼此刻沒有走出去的我，是不是也會像祂一樣，就此放棄

自己呢？看著眼前祂傷心欲絕的母親，我彷彿也聽見了愛我的家人，為了輕生的我絕望哭喊的聲音。

亡者讓我看到了自己，家屬讓我想起了家人，我在終點也看到了起點。

「媽媽，我知道您一定很難過……」
自從憂心纏身後，這是第一次，我有勇氣迎向家屬，將哭倒的她扶起來，拍拍她的肩膀，給她安慰、給她力量。

那一刻我知道，我又重新活過來了。

如果你問我是什麼讓我熬過那麼痛苦的一段日子，除了看醫生暫借藥物，幫我撐過那段總是自己找自己戰鬥的混亂情緒；靠心理諮商師幫我抽絲剝繭找到憂心的源頭，讓我「更了解自己，就更能控制住自己」外；其實，最關鍵的答案也是一開始的答案：
「是家屬讓我走出來的，讓他們從哭泣到重新學會笑，就是一帖最療癒的良藥。」

07 家人的肯定，是我最大的後援

曾經，家人因為這一身黑制服，對我充滿了質疑跟不諒解；直到我們一同參與了親友的後事，他們看見了我工作的樣子，也看見了黑制服閃閃發亮的那一面。

有時天還沒亮，我就要趕著出門工作，媽媽在背後大聲碎唸：「妳做這個工作真是見鬼了，多早都要去！」

從事殯葬業八個年頭，家人從來沒有見過我工作的樣子，這也不能怪他們，畢竟誰會沒事想到殯儀館「探班」呢？加上我從小就是個會打架鬧事，做什麼事都三分鐘熱度的慣犯，所以對他們來說，我的工作自然被解讀成莫名其妙或是一事無成。

　　直到去年的那天，家人親眼看到了我工作的樣子，一切才有了轉變。

　　阿嬤是剃度師父，旗下有上百個學徒，而乾媽是阿嬤的愛徒之一，她的母親我們喚她叫婆婆。婆婆已經臥病在床多年，儘管阿嬤替她祈福多年，但她要離開的那一天終究還是來了。

　　因為我們兩家的關係如同親人一般，當我接到電話，趕到婆婆家處理後事時，阿嬤、媽媽跟表妹們一堆親戚都在。等了七年，考了這麼多證照，唸了這麼多書，這是第一次，我的家人看到我工作的樣子，理解我工作的意義。此刻，除了哀傷的情緒外，想要在家人面前有一番表現的忐忑之情更甚其上。

　　阿嬤、媽媽跟表妹站在乾媽的家門口，看著我跟另一個學長，直接將婆婆的遺體從房裡抱了出來。看到這個畫面的他們，心裡究竟在想些什麼？是怎樣看待我的呢？在幫婆婆執行儀式的過程中，從事殯葬業這七年來，我跟家人間的種種，也一幕幕浮上了眼前……

爸爸經營公司，媽媽是餐廳主管，姊姊則是英文老師……每個家人的工作講起來都是「大有來頭」，而我從事這個行業，對親戚來講始終是一個問號。我聽過最刺耳的一個問句就是：

「人好好的、長得漂漂亮亮的，妳沒事幹嘛跑去做這行啊？」

在他們的眼中，這彷彿是一件沒有價值的工作。

有一陣子，自己也對這份工作懷疑過，逃到了媽媽的餐廳裡打工，當時戴著手套切水果的我，卻得到了一番啟發：「這雙手應該要完成更神聖的使命，去服務亡者，而不是處理這些水果才對啊！」

面對家人或自己的質疑，我終究還是選擇以穿上這身黑制服為傲；儘管如此，挫折感仍沒有放過我。

某個過年，我接體接到三更半夜，因為過年是殯葬業最忙的時候，我幾乎整整三天都沒有闔眼。但吃年夜飯是家族盛事，奶奶生前有交代，為了凝聚家族的感

情，她叮囑包括爸爸的四個兒子，每年要輪流請客，說什麼都一定要讓大家聚在一起吃年夜飯才行。

我一直很珍惜這個聚會，以有這麼龐大又團結的家族為傲，即使爸媽離婚多年，還是年年都趕回爸爸那頭吃年夜飯。

工作終於結束，我拖著疲憊的身體，牢記著奶奶的叮嚀，直接開車趕去聚會。

怎知才剛踏進家門，那年做東的阿伯看見我一身黑，馬上拉下臉來質問：「妳為什麼不先回去洗澡換衣服啊！要是妳帶衰我剛出生的金孫該怎麼辦！」

沒想到滿心期待跟親人的團圓，竟然迎來這樣的批評，我硬忍住淚水，轉頭就離開了。一直到顫抖著啟動了車子，才忍不住放聲大哭了起來，覺得很委屈也很不服氣，難道阿伯家這一生都不會遇到生老病死嗎？為什麼要這樣否定我引以為傲的工作？

　　我承認，自己的思慮並不周全，沒有站在阿伯的立場想，大過年的，誰會想要看到穿著一身喪黑的人去吃年夜飯呢？但仍覺得很受傷，心中隱隱作痛。

　　不過也因為這番衝撞，讓我更堅持，立志要在這個工作闖出一番成績，讓家族肯定。這也是為什麼經過了七年，我還是堅守在工作崗位，有機會像現在這樣，抱著婆婆的遺體出現在家人的面前。

　　當我在跟家屬講解各種儀式跟流程時，我明顯感受到媽媽跟阿嬤對我的另眼相待。雖然阿嬤很愛我，但是她一向把我當做孩子，認為我做什麼事終究都是不了了之。但這次的儀式，她完全信任我，把婆婆交付給我，一切聽我的指揮。

　　在這個家，終於有一件事情是由我來做主的了，婆婆的這場儀式也是我人生的一個里程碑。

　　漸漸地，在業界認識我的人多了，親戚們也在新聞裡見證了我的付出跟改變，他們開始改變了對待我的方

式，從前都不讓表妹接近我的女強人阿姨，不但開放了禁令，也主動關心我的工作，甚至希望能在事業上助我一臂之力。

而家人關注我的眼神，不只讓我回想起從前，也督促我想到未來，感覺自己應該還要再加緊腳步，再多做些什麼才不辜負那些重新看待我的眼光。

踏入這行八年，圓滿了很多人的後事，也圓滿了我的阿嬤、我的媽媽、我的親戚們的認同。當媽媽拍拍我的肩膀對我說：「妹妹，妳真的長大了，可以獨當一面！」的那一刻，我知道自己身上那件黑色制服正在閃閃發亮著。

Gray.

在白與黑之間

站在生命盡頭的入口，
身旁顏色是白與黑，融合成灰色的氛圍。
這一刻，有悲傷、憤怒、徬徨……
而最多的，是遺憾。

我能做的，就是陪著他／祂們，
圓滿這一段人生的必經之路。

08 用離別的方式相遇

> • • •
>
> 做我這行，跟「客戶」之間的第一次的相遇，往往也是互道
> 別離的那一次。認識陳阿嬤，我明白了，能用別離的方式
> 相遇，也是一種緣分跟天命。
>
> • • •

　　陳大哥是在臉書上看到我，因為當時陳阿嬤的狀況
不好，所以提早做了準備，希望到時能由我來送陳阿嬤
最後一程，但當時我正在機場，要前往在日本做短期進
修，搭機前的 10 分鐘才接到這通電話，只能將陳阿嬤的
身後事託付給其他的工作夥伴。

　　但，一切就像註定好的。

　　在我結束進修的那一天，正是陳阿嬤的告別式當天，為了讓家屬安心，我選擇放下手邊的工作立刻飛回台灣。雖然阿嬤的後事我未能全程參與；但一個聲音在心中叮囑著自己：「妃妃，無論如何，妳要去見陳阿嬤一面，去幫她化上最美的妝！」

　　一下飛機，我就提著化妝箱趕到會場，等待服務人員幫阿嬤換衣服的過程裡，我邊擔心時間不夠，邊快速準備著工作用品，對自己精神喊話，一定要讓陳阿嬤以最美的容顏讓子孫瞻仰！

　　「請家屬進來吧！」我轉頭跟工作人員說。
　　「家屬不在場，不是比較好做事嗎？」他們的語氣露出了驚訝。

　　想起以前還是見習的新人時，學長姊也常想辦法把家屬支出化妝室外，就是怕家屬意見很多，會在一旁不斷干預。但當時待在一旁的我，內心想的卻是：「要是我是亡者或是家屬，我多希望可以參與彼此還能互相陪伴的僅存時光。即使只是幫忙挑選一支口紅，也是很有意

義的事情啊！」

　　所以，我從來不怕讓家屬檢視我的手法，因為我的一筆一畫都是用心而且有其道理的。

　　一切差不多準備就緒，工作人員準備幫阿嬤穿上服裝，我這才發現，他們幫阿嬤準備的是一套黃色的修行服。仔細端詳阿嬤的臉，輕輕觸碰祂，我對阿嬤說：「這輩子的修行，阿嬤，您辛苦了！」

　　然而，因為遺體退冰不完全，身體還不夠柔軟的關係，原本準備要給阿嬤穿上的修行服，怎麼樣都無法順利地穿進去。我上前跟家屬解釋發生了什麼事情後，回過身向陳阿嬤說：「阿嬤，今天沒有辦法讓您穿這套衣服去見佛祖，請阿嬤原諒。」

　　有人會覺得我很傻，為什麼要一直跟亡者說話，祂又聽不到了，但是此刻我彷彿能感受到了阿嬤樂觀的回應：「這是小事情，沒關係、沒關係啦……」就這樣，我感覺我得到了阿嬤的體諒，也才能得到家屬的體諒。

　　終於，阿嬤著裝完成，我可以開始幫阿嬤化妝，因為要先處理阿嬤舌頭外露的問題，這時需要運用技巧，出點力捏著阿嬤的臉才能完成。這不是一個複雜的手法，卻花了一些時間，因為在用力的過程中，真的很擔心阿嬤會覺得疼。我的心也像阿嬤的臉一樣揪著，直到化妝完成的那一刻，阿嬤的臉龐展現出柔和的線條，家屬鬆了一口氣，我也才放下心上的那一份沉重跟疼惜。

　　接著，我幫阿嬤畫上媳婦女兒們一起幫她挑選的口紅，阿嬤漸漸有了帶笑的臉龐，就連家屬們也跟著微笑了起來——這就是為什麼很多化妝師不願意讓家屬進化妝間，我卻堅持要讓家屬參與的原因，當他們看見亡者的臉龐因為他們的參與跟建議，漸漸紅潤、漸漸栩栩如生起來時，他們臉上的那份感動跟感激，是我做這份工作很大的成就感跟動力的來源。

　　這才是最後應該要有的、真正漂亮的完妝，不是嗎？

　　最後，幫阿嬤畫眉毛，我輕輕將那兩道細眉描繪成

形，我端詳陳阿嬤的臉龐，想看看還有什麼需要補足之處，突然，我整個人僵在原地數秒，幾乎無法動彈。

「怎麼會？怎麼會那麼像！」我忍不住摀起了嘴。

看見陳阿嬤此刻的神韻、一身黃套裝跟剃度頭的福態模樣，我淚水再也止不住地往下掉。眼前這個因為我的妝容而「活」起來的老人家，究竟是陳阿嬤，還是我自己深愛的那個阿嬤？我有點錯亂了。

從小把我帶大的阿嬤，是我最愛、最親的家人。我的阿嬤現在已經 70 歲了，她常跟我說：「妃啊，將來阿嬤走了，妳一定要幫我畫一個最美的妝！」而我總是耍賴地摀上耳朵，搖著頭說：「我才不要！我才不要！」因為我最最親愛的阿嬤怎麼可以離開我！我一直不敢去想那一天，也不願意面對那一天。

但此刻躺在眼前對著我輕輕微笑的陳阿嬤，卻跟我的親阿嬤是那麼、那麼地相像。不願意到來的那一天，竟然由陳阿嬤，幫我做了一次最真實的預演。

　　家屬很驚訝為什麼我此刻情緒那麼激動，我把自己阿嬤的照片拿給他們看，他們也驚訝地直點頭說真的太像了！

　　此刻，陳阿嬤是他們的阿嬤，也是我的阿嬤！

　　我跟著整個喪禮流程，從火化到晉塔。所有儀式結束之後，阿嬤的女兒看見我，主動走過來勾著我的手，那一刻，我們像是一對阿嬤的女兒跟孫女。這就是我與陳阿嬤這一家人的關係，從陌生人變成了「親人」，就在這樣一個微雨的早晨。

　　陳阿嬤的新家，是一座環境清幽的寺廟。因為陳大哥這些孩子們的貼心，幫已過往的陳阿公也換了新家，讓祂跟阿嬤住在隔壁。阿公、阿嬤化成灰了還能相守在一起，一切都圓滿了。

　　揮手與陳家道別前，陳大哥帶著妻子走向我，很誠懇地一再道謝：
　　「謝謝妳，真的謝謝。」

　　這是最單純也最真誠的方式，聽起來很簡單，但「謝謝妳」三個字，卻足以讓我的感動在心中波濤洶湧。

　　這天，在兩個很特別的時刻下了雨，在阿嬤靈柩準備上車火化的時候，陳阿嬤給子孫們留下財富；在進塔結束一切圓滿後，我與家屬道別的瞬間也下了場大雨，天降甘霖，洗淨了整個家族過去的種種塵埃，一切都煥然一新。

　　在陳阿嬤生命的最後，也看見了我的天命！我這一生最無法面對的事情就是終有一天，也要陪伴自己最愛的阿嬤走完人生最後一程。我拉著行李從日本到台灣，再從桃園到了高雄，圓滿了陳阿嬤的後事，得到了我對自己天命的啟示。

09 安寧，讓愛跟想念好好延續

安寧，不是等死。真愛，是尊重他的選擇。好走，是沒有悔恨的再見。勇敢，是去面對祂的離開！

那天要去教安靈的家屬折蓮花，一上樓，迎面而來的是家屬的笑容：「妃妃妳來啦！」。媽媽一直用親切的台灣國語微笑著說：「唉吆不會折內！這勾抹記啊……好像速這樣子速不速？」

雖然媽媽臉上總是笑著，但我看見的，是她故作堅強的外表下，眼中藏著的不安跟焦慮。

「來，我們先深呼吸，然後試著放空，吐氣……」

家屬很配合地跟著我吐納，稍稍緩解媽媽的焦慮後，我才又重新開始教大家折蓮花。

在教家屬的過程中，看著媽媽跟兩位女兒的互動，無論是任何人，都能深刻感受到：「這一定是個溫暖的家庭。」可想而知，亡者那位 90 歲的伯伯，生前一定對家人疼愛有加。

「爸爸一定很疼媽媽，對吧？」我忍不住開口。

「哩那欸栽！」媽媽立刻轉頭看著我，眼中閃耀著小女人幸福的光芒。

「媽，妳看妃妃光看妳折蓮花就知道爸爸很疼你，可見你們兩個愛得揪厲害耶！」人姐大笑地調侃著父母。

「從小到大家裡的事大多是爸爸在做，因為他會捨不得媽媽太辛苦。」妹妹也邊折邊搭腔。

一個家庭的和不和諧跟家庭教育如何，在守靈的過程是一目了然的。從我開始教家屬折蓮花，一直到儀式

的最後，他們臉上都是掛著笑容，甚至可以說是非常歡樂，完全看不到悲傷的表情；但是，卻可以真切感受到家人對亡者滿滿的愛與想念。

還記得，跟亡者的女兒合力完成第一朵獻給爸爸的蓮花的那一刻，雖然第一朵成品真的很醜，但她露出的純真表情跟喜悅，卻瞬間美化了那朵蓮花。

「好漂亮、好漂亮，妃妃妳看，我好棒喔！」她對我豎起大拇指，比出一個讚，還大肆表揚了自己一番。

那個瞬間，我看到她滿滿的正面能量，讓我非常肯定這個家庭的教育，一定也是如此正向。

我問起爸爸生前的工作，妹妹驕傲地說：
「我爸爸是一名職業軍人，都九十歲了，但外表體格就像六七十歲那樣健壯。」

「那次陪爸爸去看醫生，醫生還對家屬說，伯伯看起來身體很硬朗，怎麼不把兩個手術一次開一開就好了

呢？」大姐生動地比手畫腳、補充說明著。

「結果醫生看了一下病例，驚訝得合不上嘴，趕緊更正：『啊不對不對！伯伯原來已經 90 歲了啊，那當然不能再動手術了！』。」

明知道生病，卻不能開刀是件憾事，但是從家屬口中說出的回憶，輕描淡寫地就像在開著玩笑一樣。我知道他們這時是用美好的心情，共同在懷念著心中那個永遠健壯的父親。

姐妹兩人繼續跟我聊著彷彿沒有離去的父親：「還沒有看到診斷報告前，護理師叮嚀爸爸這個不能吃、那個要注意。但是報告出來後，我們反倒告訴爸爸：『爸！您想吃什麼告訴我們，盡量吃、隨便吃！』因為我們知道癌症後期會變得沒有食慾，所以一切都不忌口了，只要爸爸吞得下去，我們全都買回來！」

我陪著他們一頁一頁翻閱著那些與父親共同經歷的時光……

「當初我們知道是癌末時，想說不要讓治療折磨爸爸，那只會讓他受更多的苦，看爸爸接下來的日子想要做什麼，我們就陪在他身邊一起去完成。但是爸爸卻說自己還很強壯可以撐過去，就開始接受治療。治療過程中，他一個已經 90 歲的老人，還是堅持著不麻煩別人的個性，自己騎著摩托車到處跑……但年紀真的大了，結果還是無法盡如人意。」

「我爸還說，八二三炮戰沒把我打死，結果竟然敵不過病魔，哧！」

聽到這裡，我不禁肅然起敬，伯伯真的是職業軍人的本性啊，充滿了不到最後一刻決不放棄的勇氣與毅力。

據說抗癌前期，子女們常常回家給爸爸信心跟鼓勵。大女兒告訴我：「每次跟老公回娘家，老爸都會提高分貝跟老公暢談政治，因為我爸最喜歡講政治，一講到政治身體就像完全沒病痛了一樣，變成無敵鐵金剛。而我就是負責帶好吃的東西回去吸引他進食，媽媽每次都說『你爸看到你們回來好開心呦！什麼都能聊什麼都想

吃了！』。」

　　但日子過著過著，伯伯還是到了要進入安寧病房的時候。

　　「去安寧病房的人，是不是都在等死啊？」媽媽剛開始還好擔心。

　　「難道妳要看爸插著一個管子在那喘啊喘的一直到死嗎？」大女兒這樣回答。

　　「人的一生就是求個好走，安寧病房可以幫助家人讓爸爸安詳的走完最後一段路。」小女兒也是贊同的。

　　她們和我談起爸爸喜歡喝沙士、喝咖啡，但其實這些他愛的食物都不能碰，但女兒們驕傲地告訴我：

　　「我每次都會故意在他面前引誘他：『爸！我口好渴呦，好想喝咖啡，你要不要也喝一口，來嘛來嘛喝一口！』雖然爸爸喝不多，但是最後我還是希望他能多少吃點喜歡的食物，能吃多少算多少。」

　　「爸爸到後期開始削瘦，我們還會跟他開玩笑：

『爸，你看，你多厲害啊，好險你以前夠健壯有長肉，不然吼，如果換作是我，不到兩天就撐不下去了！』』。」

我在這一家人身上看見了幾個字，那就是——安寧，真愛，勇敢，好走！沒有哭天搶地的淚水，卻給了我更多的感動，我替伯伯感到幸福。

在現在這個時代，有許多人的人生到了最後，是在病榻上躺著，用呼吸器留著最後那一口氣、一條命，卻毫無尊嚴、毫無希望。強求留下的慘澹時光，難道能彌補那些生前錯過的陪伴嗎？

我經手了無數因病過世的遺體，看著那些皮膚上滿滿的針孔，瘦到只剩骨頭的身軀，總覺得到底是為了什麼而存活著，為什麼不能選擇好好地走。

像這一家人選擇用開朗的心情，陪著父親快樂地度過最後一段歲月，即使只能多活一天，那一天也是個好日子，這正是安寧最好的詮釋跟境界。

　　安寧，不是等死。真愛，是尊重他的選擇。好走，
是沒有悔恨的再見。勇敢，是去面對祂的離開。

10 下班了，做工大哥

> 願老實苦幹的做工人，在這一生「下班」後，能鬆開握緊了一輩子的雙手。最後一程，放下重擔，一路好走。

晚上接到電話，公司說是工安意外，要我們到醫院一趟。

一到急診室，有位大哥被推了出來，沒有家屬在身旁，是位無名氏。儘管沒有身份證明，但是從祂的穿著看得出來，是位做工的人，我的腦海瞬間像播放幻燈片般，閃現出許多祂工作的片段，不由自主脫口而出：「您辛苦了。」

開始相驗時，我脫下大哥沾滿油漆的鞋子，而祂緊緊握拳的雙手還戴著手套，因為上面沾滿了硬化劑（固化混凝土的一種化學原料），很難拔下來，這個時候的我，心頭湧上無數的心酸，突然莫名地很想哭，但是相驗是一個很嚴肅的作業階段，即便我想停下動作、多感受一點，也只能敲醒自己的情緒，告訴自己：專業一點！要完工！

我緊握著祂的手，試圖用體溫軟化祂已僵硬的拳頭，雖然現場無法多話，但我仍含著眼淚在心裡告訴祂：

「大哥，來，我們放輕鬆，下班了！我們已經下班了喔……」

說完，我依然緊皺著眉頭，不知道為什麼，心酸依然無法得到解放。

這位大哥果然是在工作中，因為吸入大量有毒氣體而喪命的。除了祂以外，這個毒氣外洩的工地，相繼送了很多身體不適的工人到醫院就診。

多數的工人在第一時間發現情況不對時，都直覺往外逃、往外爬；而過世的大哥是負責地下三層樓最底端的工程，祂堅守在工作崗位上，努力把事情做好做完的工作態度，沒有料到毒氣擴散蔓延的速度非常快，一直到斷氣時，祂為了生計拼命用力的手都沒有鬆開。大哥的同事們說：「老實苦幹的人，卻這樣離世了！」

最後一個步驟，是幫替大哥穿上衣服，一個翻身，我看見祂嘴角流出的鮮血，那個顏色，真的就像電視劇裡頭演的一樣烏黑；腦中的思緒停頓了三秒，趕緊幫祂擦去嘴角的血漬，但我想，即使現在擦拭乾淨了，依然無法抹滅家屬心中的疼痛吧，依然心酸著。

像大哥這樣為了家庭、為了生活而努力的做工人，卻遺憾在自己賴以維生的呼吸中，這對祂自己跟家人來說，情何以堪？

終於，家屬來了，他們哭喊著大哥的名字，祂已不再是個無名氏；施工承包公司的人也來了，他們將一小包方塊型紙袋交給家屬，我猜想，那應該是大哥這段時

日的薪酬，看到這個畫面，我深深體會什麼叫做「用命換來的。」

　　雖然這位大哥後來不是經由我們單位承辦，但是我們整個單位的同事，都對大哥感到敬佩及尊重，不單純只是因為祂是亡者，而是工人大哥藉由祂的離開傳遞給我們的態度，不論大哥生前的背景如何或是有任何的過往；至少，一切的一切都因著祂的堅持有了延續，謝謝緣分，讓我能帶著大哥的信念，用文字用記憶延續祂生命的意義。

＊　＊　＊

　　在做工大哥之後，我接到了一位泰國外籍勞工的亡者。通常，靈桌上會有家屬會幫亡者擺滿元寶或是生前喜歡的東西等，而這位外勞朋友卻什麼也沒有，只有一卡放了幾件換洗衣服的皮箱，孤單地被放置在靈桌下。

　　「祂應該就是帶著這只皮箱，隻身一人到異鄉工作的吧？孤單的來，難道只能孤單的走？」我內心默默想著、也期望著能有朋友來看看祂。

　　等了許久，在告別奠禮前一天，終於有一群泰國朋友來看祂了，幾個泰國女生哭著說，要合資幫祂買一套像樣的衣服，讓祂帥帥地走完這最後一段路。

　　隔日告別式，我也跟著送了外勞大哥最後一程。在舊衣服被燒掉後，那只陳舊的空皮箱被扔棄在雜亂的垃圾堆中，我默默祝福著祂的靈魂能回到自己的家鄉，不要留在異鄉孤單一人。

　　一個人在這個陌生國度靠苦力勞力工作，儘管文化不同、膚色不同，他們都是腳踏實地賺每一分錢，即便最後，只剩下這「異」卡皮「鄉」。

　　在醫院的往生室，我接過因工安意外從高處摔下的遺體，也有遇到因為疲勞耗盡而離世的工作者，祂們都是辛勤的勞工；祂們在風吹雨打的環境下工作，讓我們

有舒服的辦公室可以坐、有溫暖的家可以住。

　　是的！為我們遮風擋雨的這些房子都不是外星人蓋的，而是這些勞工朋友用他們的血汗跟生命換來的。

　　如果你的家人朋友也是這樣的一線工作人員，請在他們感受得到溫暖跟感謝的時候，抱抱他們，告訴他：「辛苦了！謝謝你。」

　　讓我們珍惜別人辛苦扛起的每一片瓦、每一塊磚，是這些成全了我們的舒適跟溫暖。誰也無法預知明天會發生什麼事，只希望祂們這些辛勤工作的做工人，在這一生「下班」後，能鬆開握緊了一輩子的雙手，在人生的最後一程，放下重擔，一路好走。

11 牠，也是家屬

> ● ● ●
>
> 球球跟淇淇不只是寵物，更是「家人」，牠們在主人的生命
> 裡開出了美麗的花朵，而這朵花也美麗了殯葬業的天空。
>
> ● ● ●

　　阿嬤的奠祭儀式即將開始，一位大姐匆忙地走到櫃檯前，態度誠懇、用有點請求的口吻說：「不好意思，我們有一隻小西施狗，可不可以讓牠也進去，我們會抱著牠，不會讓牠亂跑的。」

　　從她鄭重其事的態度看來，這隻小西施狗一定有非參加不可的理由。「沒問題，請妳抱進來！」我直接違反公司的規定答應了。

　　家屬像瞬間放下了心中一塊大石頭，鬆開了原本緊皺著的眉頭，接著小跑步地跑到外頭，把西施狗給抱了進來。

　　家屬奠祭結束後，我找到了抱著西施狗的家屬：
　　「這是阿嬤養的狗嗎？」
　　「對，牠一出生就是阿嬤在照顧了。」家屬含著淚回答我。

　　懷中的小西施狗，雙眼也是淚眼汪汪的。

　　「怕牠沒辦法進靈堂，所以阿嬤過世後到現在，都沒有讓牠來看過阿嬤。」家屬輕輕地說。
　　「但牠每天在家，都一直焦慮的跑來跑去找阿嬤。所以我顧不得禮數了，還是硬把牠抱來，想說可不可以獲得通融。」

　　看見家屬跟狗狗感激的眼神，突然覺得自己當下不顧一切讓牠進來，是一個多麼明智的決定。

　　家屬抱著小西施狗，面向阿嬤的遺照，讓許久未曾碰面的他們，好好地互訴情衷：「阿母，我帶球球來看您囉……」

　　說完再低頭叮嚀球球：「球球有看到阿嬤了嗎？阿嬤現在去當神仙了，你要乖乖的，明天阿嬤頭七才會回家看你喔。」

　　女兒代替阿嬤親吻球球，而球球的那雙大眼睛，就一直目不轉睛的看著阿嬤的遺照。

　　「球球好乖喔，阿嬤沒有白疼你。」我摸著球球的頭，被牠癡心的眼神深深感動著……因為孝誌盤裡沒看見長孫的孝誌，我便轉頭向家屬確認：
　　「阿嬤家有長孫嗎？」

　　女兒帶點遺憾的說：「沒有，阿嬤生了五個女兒。」
　　「那球球是男生還女生？」
　　「牠是男生。」女兒回答。

　　我忍不住失態地拍手叫好：「那長孫就是牠了啊！」

　　我趕緊到辦公室拿了長孫的孝誌，趁大家在點香時給球球別上，家屬們回頭看見我蹲在地上幫一隻小狗別孝誌，都忍不住對我微笑了起來。我抬起頭，回應他們一個圓滿的笑容：
　　「牠也是家屬啊！」

　　家屬們圍過來紛紛說：「真的很謝謝妳，這樣阿嬤一定很開心！」
　　「牠真的是阿嬤的家人，平常都是牠在陪阿嬤睡覺。」女兒摸了摸球球，繼續說：「即使阿嬤後期坐輪椅，就寢的時間一到，球球也都會自己跳到床上先就定位，然後呼叫阿嬤也快點上床來一起睡覺。」

　　每一位家屬又哭又笑地紛紛點頭稱是。

　　我卻聽出，女兒這一席話盡是散發著慚愧跟悵惘，因為對於陪伴媽媽的不足。有感於此，做頭七的時候，我請師父把長孫球球的名字也唸上了，因為牠陪伴阿嬤

的時間，搞不好比孝眷還長。

　　告別式時，球球也到了，跟隨男眷家屬一同站在答禮席，也跟著孫字輩一同參與家奠。瞻仰遺容時，家屬也不忘抱起球球：

　　「球球來，我們來看阿嬤了。」

　　球球一直在聞阿嬤的味道，怎樣就是不肯離去，看到這一幕，深刻感受到阿嬤跟球球，彷彿就是彼此的全世界……這一幕，讓大家都鼻酸了。

　　阿嬤的最後一段路，一直都是球球陪伴左右的；那些子女缺席的時光，也是球球填補的。而球球這一生最美好的時光，也是阿嬤給的。

　　這天，天下著大雨，全部的家屬都穿上雨衣，這其中當然也包括了球球。女兒全程抱著球球，一起繞棺、一起跟著送葬隊伍到火葬場，一起目送阿嬤進了那個天堂的入口。

到發手尾錢的時候，家屬們也為球球留了一份：

「球球，這是阿嬤留給你的錢錢呦，我們有的你也有！」

阿嬤留下的銅錢別在球球的項圈上，牠彷彿是懂的，瞇著眼睛、哈著氣，像是幸福地微笑著，我跟家屬們也跟著牠一起笑了。

* * *

毛小孩也是家屬，主人走了，牠仍會傻傻的尋找與等候；一旦有天角色對掉，換牠先走了，主人何嘗不也是一樣會執著於思念跟等候呢？

那天，火鍋店大哥急著找我寫招魂幡。因為他們全家我都熟識，我冒著冷汗問他：

「姓名是？生歿日是？」

「呂淇淇，16 歲……」大哥一開口，我才恍然大悟，亡者是那隻與他們情同家人的 16 歲雪納瑞。

　　意外發生在火鍋店附近的龍潭大池，淇淇在大家不注意時跑出去發生了意外，大嫂說有人看見牠掉進池裡，卻找不到屍體，希望能幫忙引魂。

　　有經驗的人一聽就知道，其實再過個 15、20 分鐘，狗狗的屍體就會自動浮上來，不用引魂，也能很快找到，但為了讓主人安心，我還是馬上動手寫起招魂幡。

　　果然，不久之後淇淇的身體就浮出池面，家屬邊哭邊揮動招魂幡，邊喊著牠的名字，希望亡魂能跟家人一起回家。

　　家屬用兩個 10 元銅幣擲筊，確定淇淇的魂魄已經歸來後，一家人才抱著牠的身體回去。跟所有亡者一樣，全家人幫淇淇在靈桌上堆滿了牠喜歡的零食跟玩具，那是一個幸福的小天地。

　　後來，淇淇真的回來了，因為大嫂看到牠在屋子裡跑來跑去，而且看起來不像是一隻 16 歲的老狗，而是天不怕地不怕、調皮搗蛋的幼時模樣。

「淇淇現在可開心了，不受形體的桎梏，牠可以活得更自由自在！」我趕緊趁這個時候安撫家屬，希望讓他們能從無窮盡的悲傷中稍微跳脫。

「要怎麼樣才能看到淇淇呢？」女兒問。

「只有兩種情況可以看到亡者，一種就是家屬很累的時候，一種就是睡夢中。」大哥拍拍她的肩膀，接著說：「所以說，如果妳想快點看到淇淇，就要快點上床睡覺。」

對我來說，讓家屬心神安定是首要任務，同時也是悲傷輔導的重點之一。其實，殯葬流程中的很多儀式跟說法，並不只是為了安慰亡靈，更重要的是安撫家屬。

像我們會建議家屬守靈時折蓮花，要讓亡者乘著蓮花，通往極樂世界；以具體的意義來說，是讓守靈者手上有事在忙不會睡著之外，更是讓他們認為蓮花元寶折得愈多，亡者可以走得愈平穩，盡而轉移注意力到手上那朵蓮花，穩住不安的心靈。

　　告訴家屬睡夢中比較容易見到亡者，也是為了讓家眷能暫忘悲傷好好休息。

　　大哥的女兒聽完這番話後，終於肯乖乖去睡覺，但上床前仍不放心地問：「淇淇以後會投胎變成人，還是會轉世再當狗啊？」

　　大哥回答她：「等一下妳在夢裡見到淇淇，可以直接問祂啊。」

　　「對吼！」女兒終於甘願去睡覺了。

　　球球跟淇淇不只是寵物，更是「家人」，也讓身為殯葬人員的我上了一課。謝謝祢們，在主人的生命裡開出了美麗的花，這朵花，也美麗了殯葬業的天空。

繫上孝誌的球球。

12 回憶裡，最後的面容

> 白髮人送黑髮人，這個傷已經夠痛了⋯⋯不能再讓任何人事物在這個傷口上灑鹽！我期望讓家屬看到的，是亡者完好的模樣、和記憶中的他相差不遠的模樣。

通常工作服務到的案件大德多是壽終正寢，但這次接到手裡的，卻是一個因車禍嚴重撞擊而往生的年輕人，和一般亡者不同，這種特殊情況的案例，我們必須幫助祂修復遺體。

這位年輕人的全身都沾黏著玻璃碎片，在光線的折射下，刺眼地閃著閃著，祂整張臉被大紗布包裹著，有大部分的紗布已經全被血水染紅，還沒掀開，就已經能

臆測到亡者應該有嚴重的撕裂傷。

看見這樣的狀況，我告訴自己：「一定要盡力幫祂縫補完整，讓祂沒有缺憾地走。」

驗完屍後，家屬緊緊抓著我的手拜託我，可否將祂全身的玻璃稍做清理，當時亡者頭部的紗布還未拿下，所以他們可能還沒發現，最需要大肆清理的部分，其實並非只是身體。

幫這位年輕人更衣時，我才終於掀開了紗布，才看見，因為被車子從前面撞擊，整個頭部凹陷得非常嚴重。我當下第一想法是──正在外頭做筆錄的亡者父親，要是看到兒子現在的樣子，一定會無法承受。

我趕緊把亡者的兄弟姊妹拉到一旁：
「弟弟的頭部狀況很不好，爸爸現在在做筆錄，檢座會告訴他這個情形，他等一下一定會來翻紗布，我怕爸爸看了會受不了，所以想拜託你們幫我緩點時間，好讓我能先幫弟弟做好修復……」話還沒講完，爸爸前腳就

已經踏進往生室。

「快點快點……」我趕緊推促兒女們上前阻止。

我會這麼做，無非只是想要保護這個做父親的心，別讓任何人事物再在他的傷口上灑鹽，因為原先的傷口就已經夠痛了！我期望讓家屬看到的，是亡者完好的模樣、和記憶中相差不遠的模樣。

終於，兒女們半推半拉的把爸爸帶離開，我也才能專心一致的替祂好好修復。

在這個家庭裡，我看出了很多故事，亡者是前妻的孩子，但爸爸的女友阿姨卻從第一時間開始，就站在旁邊跟著默默掉著淚；與亡者在一起十年的前女友，天天帶著便當來看祂，沒有一天缺席。

到了告別式當天，瞻仰遺容的最後，我看見爸爸默默站在一旁，等到平輩、晚輩全都走了出去，只剩下他跟仍站在兒子棺木前的前女友，爸爸拉起她的手，站在

旁邊輕輕地叮嚀：

　　「弟弟啊，要保佑這個好女孩找到一個好歸宿，一生美滿幸福！」

　　簡單的幾句話、幾個動作，卻給了我很澎湃的感動。

　　爸爸看著兒子完好帥氣的臉，邊抹去臉上的淚水，邊安心地笑著，這讓我更加確定自己當初沒讓他翻開紗布的決定是對的！也讓我在往後更堅持不輕易讓家屬拉開冰櫃或是看到不完整的遺體。

　　這個堅持，是想讓亡者在被家人想念時，浮現出的模樣是美好而完滿的樣子；這個堅持，也是一種濾鏡，柔焦了現實的尖銳跟殘酷。身為喪禮的掌鏡者，我覺得這是我該盡力做到的事情。

　　家屬拜別時，爸爸把兒子前女友拉到同輩家奠的隊伍裡，讓她一起跟著拜別，但我發現她有些尷尬退卻，我趕緊拿了一條掛紅雙連巾，蹲在爸爸和她的面前說：

　　「爸爸，我幫她綁手巾，讓她以家人的身份，陪祂

走最後這段路好嗎？」

　　「雖然我沒有福氣擁有這樣的媳婦，但是她就像我的女兒、我的家人一樣。」爸爸用力點著頭。

　　我拆下她的胸花，替她換了身份，她終於可以名正言順地跟著家奠、答禮、繞棺。一個不一樣的決定，同時圓滿了爸爸的期望，以及女孩那顆因沒有身份而忐忑不安的心。

　　在每個不完美的故事裡，我會竭盡全力讓故事的最後還能保留圓滿。

13 記得現在的笑就好

> • • •
>
> 在治喪的過程裡，我關心的不只有當下的完滿，更是家屬
> 從這裡回去後，該怎麼好好繼續過他們接下來的生活。
>
> • • •

　　對我來說，服務往生大德是要務，但能讓家屬堅強
起來，更是身為一個殯葬業者必須要認真思考跟運籌帷
幄的事。

　　曾有個印象很深的案子，有兩位年紀很小的可愛
小女孩，爸爸因為癌症過世了，只留下媽媽獨自照顧他
們。看著身高還搆不到桌子的小女孩們，在充滿悲傷氣
氛的空間內捧著牌位，齊聲大喊著：

「爸爸，過門囉！」
「爸爸，吃晚飯囉！」

　　毫無畏懼的聲音充滿著不懂世事的天真，這種感覺更讓人心疼。

　　這天，喪禮走到需要移靈的階段，需要先把遺體移往殯儀館，通常這時的場面總是眾人聲嘶力竭、悲傷哭喊，整個氛圍是濃郁而悲傷的；但我看見眼前那麼幼小的兩個孩子，純白無暇的心還沒有經歷過任何的泥濘或暴雨、甚至可能也還不了解什麼是生，什麼是死，就要強迫他們先體會天人永隔的痛心，這樣的課題，未免來得太早，也太沉重了。

　　像他們這個年紀的孩子，原本應該是要盡情享受無憂無慮的人生好風景啊！

　　我看著媽媽強忍著悲傷、進退兩難的腳步，身為妻子的她，失去了最愛、最重要的丈夫，此刻的情緒一定非常悲慟；但身為孩子的母親，若在孩子面前失去了堅

強，在這樣的氣氛中勢必會讓他們感到害怕⋯⋯。

　　「來大姐姐這邊，我們一起來拍照，來玩扮鬼臉好嗎！」我故意將兩個小朋友拉到身邊。

　　要是此刻有同業前輩看到我帶著兩個孩子在靈堂裡玩樂嬉鬧，可能會馬上上前斥責或是阻止我的行為。但我一心期盼的是，這兩個孩子在年紀還這麼小的時候，就走過了如此灰暗的一段路，希望他們的人生不要從此蒙上一層抹不掉的陰影才好。

　　我看著他們，默默地在心裡說：「孩子，姐姐希望你們記得現在的笑就好。」

　　希望在他們的記憶裡，歡樂的笑聲能掩蓋周圍因為死亡而瀰漫的悲痛氣息；因為接下來的日子，悲傷的母親還需要靠兩個女兒的樂觀跟天真，才有力氣撐下去、繼續往前走。

　　殯葬圈裡有不少規矩，但是我覺得，只要是能讓家屬感到心安，所有規矩都可以轉個彎、海闊天空。像是奠拜亡者有規定不要拜成串的水果，避免不好的事情成串接二連三而來，但是如果有家屬問我，亡者生前最愛吃的就是葡萄或是香蕉，我會告訴他，給亡者想要的才是祂最需要的。

　　那就把葡萄一顆一顆拔下來，或是把香蕉一根一根拔下來拜，這樣壞事就不會成串成串來了啊，有何不可呢？

　　我是一名殯葬業者，同時也是一名喪禮導演，在治喪的過程裡，我關心的不只有當下的完滿，更是家屬從這裡回去後，該怎麼好好繼續過他們接下來的生活。

　　我會盡力讓每一幕烙印在人們記憶裡的場景，都用最暖最美的手法運鏡，這樣懷念跟回憶，才能永遠留在人們的心裡。

14 我的第一組家屬

在單位服務的第一組家屬，在往生室巧遇的第一位熟人，
圓滿的第一位大德……這無數個第一次，是我人生最珍貴
的第一堂課！

　　我永遠不會忘記，我進入往生室服務圓滿的第一位
大德。

　　仍清楚記得第一天到單位服務，因為還很菜，心情
非常緊張，跟在學長後頭一起到往生室去接體，到達往
生室後，卻有一件事令我驚訝地睜大眼睛、甚至忘記了
緊張……

　　我直盯著站在一旁的某位家屬，因為，我百分之兩百確認，這個人我一定認識！但眼前這位愁容滿面的伯伯，我就是怎麼樣也想不起來他是誰？究竟是在哪裡認識的？

　　明明肯定自己見過某個人，卻怎麼也想不起來的感覺有多痛苦，人家一定都有經驗吧？但，此情此景上前去認親未免也太過失禮……不過話說回來，此刻正是他最需要我幫忙的時候，如果故意忽略這層關係，豈不是更沒人情味！

　　雖然身為殯葬業新人，不確定這樣的舉動是否不合時宜，但我還是順從了心中的那份好奇跟善意，按耐住情緒、靜靜地向那位家屬走去。

　　就當我拿下口罩，正要開口的同時，伯伯竟然一眼就認出我來：「啊！是妳！」

　　在這個冰冷又傷感的地方，見到了熟悉的面孔，而且對方還是殯葬業者，看得出伯伯跟我一樣，心情有些

激動也有些安心，伯伯一直繃緊著的肩頭，瞬間鬆開來。

　　這位伯伯是我在唸書時認識的，當時我只要一下課，就會到百貨公司去找在專櫃賣茶葉的阿姨串門子，而伯伯是買茶葉的常客，我們就在那時相識。

　　這樣的緣分，伯伯也覺得很驚奇：
　　「記得妳以前常常跟我們聊起將來想從事殯葬行業，講了很多關於這行的理想跟點滴，沒想到今天真的能看到妳穿著制服站在這裡。」

　　伯伯說，他的母親是壽終，所以家族也早就諮商好負責的禮儀公司，但對方的工作人員還沒趕到，所以只有家屬們聚集在由我們值班的往生室裡。

　　「唉，我們有些人信仰天主、有些人篤信佛教，到底該如何幫媽媽助念，大家都有點不知所措。」伯伯有點苦惱地說。

　　「沒問題，這個交給我處理。」我對著伯伯說。

醫院往生室的大門，已經提早想到有些家屬會有這樣需求，因此門裡供奉了菩薩，以守護著亡者，但將門拉上後，門面上則有個大大的十字架，是體貼信仰耶穌基督的家屬們禱告用的設計。

因為伯伯的信任，我站出來協助家屬們助念，先把向佛的家屬們請到裡面跟著菩薩一起為亡者助念；結束後，再把往生室的大門闔上，請另一組信仰耶穌基督的家屬們在十字架前為亡者禱告。

這是我第一組服務的家屬，也是難得接觸到一個家族內有兩種不同信仰的家屬，雖然信仰不同，但他們彼此間是這樣地圓融有序，沒有誰想要去批評誰或干涉誰，他們用自己最珍貴的信仰為亡者祈福，也尊重彼此悼念亡者的方式。

儘管信仰殊異，但整個家族的緬懷之情卻是一心一意的，他們的感性與理性，在這天給了我很大的啟發跟衝擊。伯伯的媽媽在天之靈看到子孫間的互諒互信，此刻也一定是微笑點著頭吧。

　　這個案件雖然不是由我服務的公司主辦，但由於伯伯對我的信任跟感謝之情，讓我在正式踏入殯葬業的第一天，就肯定自己走對了路。

　　助念結束之後，伯伯對我說：

　　「妃妃，或許今天遇見了你，也是我母親的安排吧，藉由你的善良與專業安定了我們的心。」

　　其實我才想和伯伯說，或許在今天遇見伯伯，是上天安排來見證我的抉擇跟成長的吧。

　　就這樣過了一段時日。某天，我到百貨公司去找阿姨談心，沒想到伯伯也在。他開心地跟阿姨描述著我們神奇的相遇，還有我處事的專業跟用心，講到我都覺得不好意思了。

　　「伯伯，媽媽的後事處理，一切都好嗎？」

　　我最關心跟擔心的莫過於此，因為每次聽到被不良

業者草率對待的大德跟家屬時，我都特別過意不去，總覺得要是當初跳出來極力爭取的話，結果就不會是這樣了。

　　伯伯點點頭說禮儀公司很負責，一切都很順利。一直懸在我心上的這件事終於平安落定了。儘管承辦人不是我，但是聽到亡者跟家屬有受到最好的服務，我覺得這就是「圓滿」。

　　這是我服務的第一組家屬，在往生室巧遇的第一位熟人，圓滿的第一位大德……這無數個第一次，堅定了我繼續向前行的信念，也是我執業路上最珍貴的第一堂課。

15 遺憾之後，不能再有遺憾

● ● ○

為什麼孩子要這麼貪玩不聽話！為什麼肇事者要酒駕！父母要如何才能沒有遺憾沒有恨地送孩子先走一步？這個深不見底的傷痛……或許，只有原諒能解放。

○ ● ●

還記得那年夏天，我接下的這份遺體處理工作，亡者年僅二十出頭，死因是因為車禍。亡者的朋友酒駕開車，意外發生後，駕駛毫髮無傷，但坐在副駕駛座的祂卻走了。

拉開屍袋，打開往生被，我看到一個原本應該是青春正好的大男孩，時間在他身上停止了，只得靜靜地躺在那。因為是內出血致死，遺體的完整度沒有太大的問

題，但仔細一看，我禁不住倒抽了一口氣，因為我原以為只是臉上沾到玻璃碎片，拍乾淨就好，沒想到玻璃全都深扎在肉裡。

我試著幫祂化上厚粉，心想：「只要遮蓋住應該就能還給祂無暇的皮膚」，沒想到厚粉抹上去，那些碎片的閃光卻更加鮮明。看來，這一定得「清創」才能還原祂帥氣的臉龐。

「清創」是把傷口內的所有東西清除乾淨；也就是說，我必須要將碎玻璃一片片從亡者的臉上取出，再用皮膚臘一點一滴地填、補滿那些缺洞，才能後續上妝。

要處理那些密密麻麻的碎片，對有密集恐懼症的我而言，真的是一大考驗。其中一塊插得很深，我拿著夾子的手不聽使喚地顫抖著：

「我知道很痛，但忍一下就過去了！」我對祂，也對自己信心喊話。

好不容易拔出來，臉上也缺了一個大洞……突然，

我感到一陣暈眩，好像能感受車禍當時的景像，淚水不自覺地噙了滿眼，我也在這一刻下了決心：

「我一定要把祂臉上所有的碎片清除乾淨，哪怕是肉眼根本看不出來的碎屑，因為我不要讓祂帶著車禍現場的任何一樣東西去到另外一個世界。」

不知道填補了多少臘，不知道時間過了多久，終於，祂臉頰上的傷疤撫平了。

「沒有傷口沒有疼痛，你現在又是帥帥的模樣了！」我開心地告訴祂，而祂似乎也用年輕人屌屌的口吻回應我：「我知道自己很帥啊！」。

比對著家屬給我的照片，現在，祂已經回復成照片裡的那個陽光男孩了。然而，我發現美中不足的是，濃眉大眼的祂，眉頭被雜毛深鎖著，我便決定幫祂修出神氣又有型的眉毛。

「太帥了，你應該很滿意吧！」修完後，我特意站遠端詳。

「妳竟然還幫祂修了眉毛，我弟弟真的是太帥了！」身後突然傳來一個男子的回應。

回頭一看，是跟弟弟有著同樣神情跟眉宇的哥哥，我知道雖然此刻他臉上對我笑著，心裡卻在下著雨。我對哥哥笑了笑，轉頭繼續幫弟弟完成最後手續。

完妝後，我發現祂的手依然緊握著，我握住祂的手，說：「我們不要怕，沒事了，一切都過去了……」

殯葬前輩間有個傳說，說如果亡者手握得太緊，只要牽著祂的手跟祂說說話，祂的手就會放鬆了；其實我知道，亡者握緊的手是因為退冰不完全，而生者的體溫能讓祂軟化，但是今天，我選擇當個迷信的孩子，牽著祂的雙手跟祂說說話，給祂溫暖也給祂力量。

告別式那天，是我第一次看見亡者的媽媽，當時她癡癡地愣在原地，看著兒子的遺像發呆，突然，不知道哪來的想法，我不由自主地走到遺像和媽媽的中間，蹲跪了下來：「媽媽對不起，弟弟要跟妳說，都是因為他太

愛玩了才會發生意外，希望妳不要生氣！」

　　聽見我的話後，媽媽整個人回過神，激動地抓住我的雙手，一邊哭泣一邊顫抖著說：「媽媽沒有生氣……媽媽沒有生氣……」

　　聽到媽媽的諒解，我的淚也不專業地從臉上滑落，或許，這是弟弟冥冥之中要我替祂跟媽媽道歉吧。

　　「妳，是弟弟的化妝師嗎？」媽媽問我，我點點頭，眼淚仍止不住地往下掉。她把哭泣的我用力擁進了懷裡：「妳放心，媽媽會原諒祂的……」媽媽抱著我激動地哭了很久。

　　藉由我的身體，我知道她感受到兒子的悔意，兒子也感受到媽媽的原諒了。

　　要送亡者發引火化時，長輩要對「不孝」的晚輩進行象徵原諒的敲棺儀式。爸爸緊握著木棍，露出不願和不捨的表情，我知道他心疼兒子，不想打祂。

「爸爸，我知道你捨不得……」話才說一半，爸爸就已經無法自己、嗚咽地哭出聲來。

「但是我們知道弟弟不是故意的，我們也要讓祂知道爸爸媽媽已經原諒祂，爸爸媽媽已經不生氣了……」

我們除了是殯葬人員，同樣也肩負了悲傷輔導師的角色，我試著引導爸爸去完成這個動作，讓家屬進入悲傷，再藉由這個動作讓家屬抽離自責，讓悲傷成為一個過程。

敲打完棺木，丟掉拐杖的那一刻，爸爸崩潰了，但也釋放了。

之後送葬隊伍開始出發，因為台灣人有長輩夫妻不能相送的禮俗，所以爸媽只能在禮廳門口看著兒子遠行。我在一旁看見緊抓門框的爸爸，眼睛急切不安地注視著靈車，我知道爸爸想送兒子走最後一段路。

因為送葬音樂很大聲，我扯開喉嚨用力地對爸爸說：「爸爸！長輩不能送晚輩是傳統沒錯！但是如果您

真的想陪兒子走最後一段路，沒關係，走！我們去！」

　　爸爸鬆開了緊抓門框的手，急切地往靈車的方向衝，我陪他走了多遠我不知道，但我知道的是，我讓爸爸盡心、也安心了。因為遺憾之後，不能再有遺憾。

　　我看過了很多生離死別，生者封閉自己、糾結悲傷的不在少數，因為要適應親人離世後的新生活，真的需要很大的努力跟勇氣。

　　面對酒駕的肇事者，同時也是兒子的朋友，爸媽努力而勇敢地選擇了放下。他們擔心，要是走上法律途徑，每開一次庭自己要再痛一次；更擔心，那個酒駕的孩子要是受不了壓力，寫了滿滿的對不起後自殺，那麼自己不也成了另一個家庭的摧毀者嗎？

　　他們最後對肇事者說：「沒關係，只要你悔改，不要再酒駕，記取教訓，就是我們最好的回報！」

　　看著爸媽對兒子的原諒，對肇事者的原諒，我內

心激動地希望肇事者能反省自己犯下的大錯，並有所體悟，因為能被痛心的家屬接受是一件多麼珍貴的事。希望他也能因此去影響其他的朋友，千萬不要酒駕，不要在自己身上或是別人身上烙印下永遠無法抹滅的傷疤。

這是一場悲傷而美麗的葬禮，爸媽用原諒，替兒子通往天堂的方向，鋪上了最堅韌也最柔軟的絲綢之路。

16 怎麼會是你？!

旁人以為殯葬業者遇上自己的親朋好友往生，必定想親自幫祂們化妝跟淨身；但送行者的心也是肉做的，面對愈親近的人，被撕裂的心愈無法冷靜以對。

即使朋友們總是笑稱我是殯葬圈的小太陽，但我還是會有心情低落的時候。每當這種時候，就會想起「他」，我的好哥兒們。原本因為處理他家屬的後事而結識，陪他走過喪親之痛後，他卻也成為我傾吐心事的對象，聽他聊他最愛的健身，聽我講我工作的喜怒哀樂，我們成為無話不談的好朋友。

數不清是第幾天守在醫院的往生室值班，在不見天

日的地底下工作，讓我更想跟充滿正能量的他聊聊，但總是搜尋到他的手機號碼後旋即又打消念頭，我告誡自己：不能一直把好朋友當垃圾桶使用。

看出我的低迷，輪值伙伴要我先去休息一下。睡眼惺忪間，我突然看見他就坐在角落的椅子上。

「咦？你怎麼來了！」是心電感應嗎？他竟然知道這幾天我一直想起他。然而穿著灰色襯衫的他，只是默默地看著我，然後意味深長地嘆了一口氣。

我這才回過神來，剛剛那是夢嗎？這下我睡意全消，眼看已經半夜，也不好打電話給他，順手就滑進了他的臉書……

臉書最新的照片，竟然是一張家屬幫他放上的訃聞！顧不得現在幾點了，我顫抖地打電話給家屬：「怎麼會發生車禍？他現在在哪裡？什麼？××醫院？不可能啊！這幾天我一直都在這裡值班，接體記錄裡並沒有看到他的名字啊……」

　　我激近瘋狂的跳起來，衝去查看這幾天的亡者名單，明明都一一確認過的，怎麼可能會沒有看到那三個字？他的名字怎麼可能就這樣被我忽略呢？我怪自己、怪命運、怪他為什麼沒有通知就先走一步，我無助地嗚咽了起來。

　　「祂一定是妳很好的朋友吧，知道如果讓妳在亡者名單上看到祂的名字，妳一定會崩潰；知道如果剛好是妳去急救室接遺體，打開門看見是一年前同一組熟悉的家屬，妳一定會很驚慌失措；如果還要讓妳親手拉開屍袋看到祂的遺體，對妳來說更是一件無比殘忍的事情。」一旁同事拍拍我的肩。

　　「所以他才會一直瞞著我到現在嗎？」我忍不住又哭了起來。

　　跟他的所有種種，此刻像電影般一幕幕在眼前放映，我們從案件家屬到變成朋友，是多麼特殊的緣分。一年前因為一場酒駕車禍才送走他青春正盛的弟弟。他第一次見到我，對我說的話還那麼清晰地留在耳畔：「謝

謝妳幫我弟弟畫了這麼帥的妝。」

　　他們兄弟的感情是這樣的深厚，我永遠記得送弟弟晉塔的路上，有隻昆蟲一路都跟在哥哥的身邊，直到弟弟移靈安厝後才消失不見；而哥哥對弟弟也是那樣地不捨，後來當哥哥到每個地方去遊玩時，身上必定都帶著弟弟的照片，因為他要讓早逝的弟弟跟著他，去到更多地方、看更多世界。

　　這前後才多久的時間，沒想到今年另一場車禍竟然又奪走了這對父母的另一個兒子，也奪走了我最好的朋友。握著手上有著祂名字的亡者名單，我嚎啕大哭了起來：「怎麼會是你？怎麼會是你？」

　　此刻在往生室中值班的我，情緒從一個業者變成了一個「家人」。

　　祂的家屬仍希望我能像幫弟弟一樣，幫哥哥淨身、化妝，打理一切後事，但是事出突然，尚未整理好心情的我卻殘忍地拒絕了他們，請原諒我！我真的無法在一

年前後幫這張與弟弟五官神似、眉宇神似，還是我最熟識的臉上妝。

但我實在放心不下，仍提前到了儀式現場確認，卻看到一個嚼著檳榔，穿著藍白拖的殯葬業者，指揮著幾個女孩，正粗魯地剪開祂灰色的襯衫。

我心頭一驚，那件襯衫，正是那晚我在往生室夢見祂時，祂身上穿著的衣服。

熱愛健身的祂，壯碩的身體已經冰涼；總是笑得很燦爛的祂，陽光在祂的臉上也褪去了顏色……女孩們開始幫祂淨身，草率地、冷漠地「處理」著祂的身體……

突然，我失去理智地向她們大喊：「妳們不要碰他！」然後抓起一旁的手套胡亂戴上，蹲下來準備要幫祂淨身。負責的殯葬業者跟女孩們都被我的舉動觸怒了，以為我是要來搶生意的同業，對我又叫又罵，試圖把我拉離他們的地盤。

　　而滿懷傷心與怒火的我，在他們的指手畫腳中，卻只能張開雙手蹲踞在祂身旁，沒出息地讓淚不斷流淌。平常幫亡者淨身手法總是如此嫻熟的我，此刻卻像雙手癱瘓一般，怎樣都提不起也放不下，因為看見祂滿身的傷口，祂痛，我更痛。

　　終於，藍白拖大哥發現我情緒激近崩潰，似乎不是來搶生意的，才收起張牙舞爪的態度，給我同為殯葬業者能懂的理解心：「拍謝啦，節哀順變不要難過，祂是妳的朋友吼？！」

　　我拼命搖頭，因為如果我真的是祂的朋友，怎麼會連最後的淨身都無法幫祂做；然後我又拼命的點頭，因為要不是祂是我這麼親近的朋友，我不會失常到連最驕傲的專業能力都背叛了我。

　　我親愛的家人跟朋友，請好好照顧自己，我們最好的關係是在生前而不是死後，如果你們先走一步，請原諒我無法拿出專業送你們走。所以請好好地活著，珍惜當下，為了自己也為了愛你們的人。

17 無名，失

> ● ● ●
> 這個世界上不會有任何一具「無名」屍，因為每個人都有父
> 母、家人跟孩子，都曾有一個被記住的名字，都溫熱地在
> 這個世上活過、存在過。
> ● ● ●

　　其實，這個世界上真的沒有人會想要讓自己成為一
具無名屍。想想看，一個獨居老人，最後決定走上自己
結束生命的這條路，是多麼孤單、多麼無助？到底是
什麼原因，讓祂想要用這麼悲傷方式寫下自己人生的結
尾？讓自己的歲月成為一個冰冷的故事？

　　那天跟師父去現場引魂，嗯，沒有家屬，我拿著招
魂幡，捧著牌位。

　　亡者被發現時，已經離開很多天，是被鄰居反應屋裡傳出惡臭才報案，所以即便我們戴著兩層口罩，還是無法阻擋遺體在這棟樓腐敗了一個星期的味道。

　　一上到住所，推開門，先看到一張籐椅在電視機前，旁邊的桌子放著一份報紙，陽光透過窗戶進到屋子裡，我東張西望地嘗試著感受出屋子裡的所有生活軌跡。

　　師父搖起鈴，開始說著名字與今日來由，那刻我則閉上眼，把自己定位在那張一推門就看見的籐椅上，我試著感受，祂，怎麼會這樣選擇？是多少的無奈與孤獨？

　　我的感受，隨著師父擲筊的動作，銅板與地板的撞擊聲，這時我似乎解了自己所有的疑問，屋子裡充斥的氛圍，應該是祂滿腹的後悔、委屈，以及想要被原諒的心情吧。

　　環顧這間房，裡面什麼都有，有床有電視，甚至有些討好心情的擺飾；連沾滿指紋的眼鏡、已經失溫的茶

壺，都還放在桌上。房子擺設也不算窮酸，也沒有多破舊，但我卻確切的感受到「孤單，淒涼」幾個字，在屋內無依無靠地飄盪著。

事情究竟是怎麼發生的？好像是這樣慢慢的節奏，一個七旬老翁，手上拿著一本充滿回憶的相簿或手札之類的，看著看著，就默默地掉下了兩行淚；或許突然又憶起了什麼，相簿或手札都能輕易被掀起翻頁或闔上，但心中肯定有那麼一頁說什麼也翻不過去。

於是，老人家把眼鏡拿下，沉重而絕望地走到了一個自己最熟悉的地方，用了最沒尊嚴的方式，結束了自己的生命。

雖然自己選擇了這樣的離開方式，卻有很多還沒失溫的故事在我們之間竄流，警察是在事發好幾天之後，才找到家屬來認屍，但⋯⋯卻沒有一個人願意喊祂一聲父親，或是給祂一個陪伴和安慰。我不知道祂過去是否犯了什麼大錯，或是做了什麼讓家人無法原諒的事，但我相信祂已經悔改了，因為⋯⋯我確實感受到了祂的難

過跟淚水。

安靈的時候，家屬丟了幾萬塊說：

「什麼都不用張羅，什麼都不用準備，連照片也不需要放。」

「好，最後決定需要擺設的東西、需要張羅的儀式就由我來負責跟關照吧。」我說。

我聽了替老人家覺得心酸，我想，在最終的時刻，老人家讓我遇到了祂，這就是一種緣分，我多希望此刻已經嚴重腐敗的祂，還能感受到這個世界仍存有的愛跟溫暖。

其中有個遠房親屬多少被我觸動了，肯跟我分享一些亡者的過去：「祂生前有想過要回去以前拋下的那個家，但是，對方已經不要也不想再原諒祂了。覺悟來得太晚，家人心都涼了！」

聽說，祂跟妻小已經有數十年沒有見面，我又想起老人家坐在藤椅上的神態，想著或許一直支撐著祂獨自

一人活下去的理由，是身分證後面還有一個「她」的名字，也或許就是這個名字撐起了祂全部的生活。

只施捨了一眼，老人家的家屬就不曾再出現了。接下來的日子，我到靈堂前替祂換臉盆水，替祂上香，時不時喚著祂的名字，喚祂該吃飯了。

這些日子除了這位伯伯，我也因著緣分認識了殯儀館內其他安靈的亡者們，一般會選擇安在公有殯儀館的，很多都是榮民伯伯，或者是沒有家屬的人，所以我去靈堂幫伯伯整理上香時，總會看到很多靈桌上的香環已經燃盡，但卻無人更換，因為公有殯儀館沒有安排人手做這件事。

從那天起，我只要到靈堂，不只是替這位伯伯上香，還開始檢查起每個靈桌上的香環，用我準備的環香一一替這些沒有人照顧的亡者重新點上，也在心裡告訴祂們：「伯伯在這和祢們相處，多謝祢們大家的照顧了」，抬頭看著每一位亡者的遺像，我不怕，反而覺得愈看愈熟悉，愈來愈親切。

記得那天，颱風來得比想像中更急更狂，我心中一直掛念著伯伯在殯儀館，平常除了我，根本不會有人去整理，也不會有人替祂換上香環，拗不過自己心裡的那份牽掛，我還是開車到殯儀館，特別替祂準備了雨衣放在靈桌前，只願祂那顆已經失落的心，不要再挨凍受涼。

可能很多人會覺得我很多此一舉，颱風天還跑到殯儀館送雨衣，而且還是為了一個早已經一動也不動的陌生人，但是，我依然相信祂感受得到，我依然相信堅持自己做對的事情，心裏的快樂及圓滿，無價！

直到告別式當天，亡者終究沒有等到家人對祂的原諒；我只好選擇對祂說謊，我告訴祂，孩子們工作都很忙，特別交代我要幫忙照顧爸爸，我在靈桌上佈置的這一切、我做的這一切，都是受祂家人千萬拜託。

我多希望祂能信了我的話，在人世走不下去的這條路，能在另一個世界，跨出充滿勇氣的下一步。

　　我捧著祂的牌位，不斷告訴祂要走好，雖然沒有任何一個家屬或親人陪著，但不用擔心或害怕，因為未來的這段治喪期，我就是祂的親人、就是祂的家屬：「伯伯祢放心、祢走好！」

　　儀式結束，銀紙燒完了，我轉頭對祂說：「伯伯掰掰！」我一邊感受到祂對於沒有一個家人來送祂的失望；同時又不忘對我微笑揮手的樣子，我知道祂此刻對我說著謝謝；我同樣也想把「謝謝您來過我的生命！」當做最好的道別禮物送給祂，做為祂孤身一人這一路上的依靠跟力量。

　　這個世界上不會有任何一具「無名」屍，因為每個人都有父母、家人跟孩子，都曾有一個被記住的名字，都溫熱地在這個世上活過、存在過。

颱風天時特地帶給伯伯的雨衣。

18 一生的懸念

再短的生命，依然會被家人捧在手心。這短短三年的歡笑與淚水，家屬要用多久才能將傷痛過濾，只留下美好的風景裱框在永恆的記憶裡？

電話響了，我接起電話，對方說：「不好意思我們等等要進館一位亡者。」我一如往常地應對：「請問亡者姓名？幾歲？」

對方回覆名字後，緊接著說出了年紀：「三歲。」
「好，我知道了。」

收到該有的資訊後，我便開始上樓佈置小朋友的靈

堂。接待這麼年幼的亡者，希望能給祂一個溫暖的小天地，讓祂過來時不會因為陌生而感到害怕。

佈置得差不多了，我退後一步端詳，總覺得缺少了點什麼，又趕緊跑去買了幾包小饅頭跟水果軟糖，我想我小時候喜歡吃的，或許祂也會喜歡吧。

一個小時後，家屬帶著一陣無聲卻洶湧的悲傷來了。這是我第一次點香給家屬時雙手忍不住顫抖，因為我看見孩子的雙親已經傷心欲絕到講不出任何一句話，但臉上卻是無止盡的淚如雨下。所以，我選擇安安靜靜地陪著他們倆，或許，沉默比聲嘶力竭更能釋放這份深不見底的哀傷。

第二天孩子的靈桌上，除了我幫祂準備的糖果外，又多了好多家屬帶來的玩具跟餅乾，甚至還有弟弟喜歡的 iPad，裡面一直播放著弟弟常看的卡通。當卡通播放了好幾個鐘頭後，我走過去暫時把它關掉，以大姐姐的口吻對小弟弟說：「看太久囉，這樣對眼睛不好，稍微休息一下。」

　　轉過頭去，我看見爸爸媽媽對著我露出難得的莞爾一笑，這時我才有機會跟他們說：

　　「爸爸媽媽，你們幫弟弟帶來了好多東西喔，但是有一樣是不是忘記帶來了？」

　　「是什麼？」他們對我的疑問露出了驚訝的表情。

　　「應該要幫弟弟帶他平常用的湯匙來吧，以祂的年紀，應該都還不太會用筷子吧。」

　　經我這一提醒，他們更驚訝了，才恍然大悟，怎麼沒有想到這一層呢，弟弟現在要吃飯應該很不方便吧。就這樣，我跟小弟弟的爸媽拉近了距離，也感覺自己跟弟弟更親近了。看著靈桌上那張祂在草地上玩瘋飆汗、天真又可愛的照片，就覺更心疼了。

　　我冒昧地問了承辦人：「請問孩子是怎麼離開的？」得到的回答竟然是：「不知道，死因不明。小朋友原本在幼稚園上課，吃了感冒藥突然就走了。」

　　承辦人那句「死因不明」在我心頭像把烈火般熊熊燃

燒起來，因為這幾個字代表的是，那孩子是難躲解剖的「那一刀」了。

而「那一刀」打開的不一定是真相，卻一定是家屬撕心裂肺的傷痛。

這是一樁上了新聞的社會案件，牽扯到複雜的責任歸屬，所以我並沒有輕言幫家屬做任何悲傷輔導，只是單單在一旁陪伴著。

直到那天，來了三位拈香人士，孩子的爸爸對他們說：「我們也真的不想追究，但是法律規定就還是有這些手續要跑。我跟媽媽的意思是，讓孩子快樂的去當天使就好。」

其中一位男士深深向爸爸鞠躬著：「如果未來有任何需要我們幫忙的，請您儘管開口。」
「你們真的辛苦了。」二位女士也頻頻鞠躬著。

「加油！」他們三個人最後給了爸媽一個又一個 90

度的深鞠躬便離開了。

我推開門送他們走出去，看著這三位拈香人士的背影直到遠去，變成三個小黑點。感覺得出來，他們也是悲痛的。

我第一次過問這件事情：「剛剛那是幼稚園的人嗎？」爸爸點點頭，帶著無限的遺憾說：「他們每天都會來看孩子。在幼兒園時，其實孩子跟祂妹妹都很喜歡園長，我相信他們也都是愛孩子的。」

那一刻，我看到了爸媽眼中的原諒跟放下，即使這是一個多麼艱難的過程，畢竟孩子是在幼兒園離世的，身為孩子的父母，說不想為孩子討回公道也是不可能的。我感受到了他的掙扎，不管新聞怎麼挖掘，法律怎麼規範，身為父母只想讓孩子快樂，不用解剖就不用再受一次苦。

想起那麼小的孩子為了要釐清死因，還要再捱上一刀，想起來就心痛，而且逝者已逝，再糾結這些責任歸

屬意義有多大呢？

　　我看著躲在爸爸身後，弟弟的雙胞胎妹妹，試著轉移話題，增加一些對話的暖度：
　　「妹妹一直都這麼害羞呀？」
　　「以前不會這麼害羞，這幾天帶她去跟以前的朋友玩，她都無法熱絡起來。」媽媽不捨地說。
　　「可能是因為哥哥離開了。」
　　「對，她以前都是躲在哥哥背後，被哥哥保護，現在變得沒有安全感了。」
　　「妹妹會找哥哥嗎？」
　　爸爸點點頭後說：「而且昨天頭七只有妹妹看到哥哥。」
　　「她說是哥哥先叫她的，然後他們還一起玩了遊戲……」

　　三歲的孩子不會說謊，知道兒子回來過，媽媽這時的表情散發著欣慰。漸漸地，爸爸媽媽開始會笑著面對親友了，是孩子讓他們傷痛，也是孩子給了他們力量。

　　告別式當天，門口來了一台遊覽車，裡頭坐的全是疼愛孩子的叔叔阿姨跟祂的小小玩伴們。誦經結束，跟隨著師父的搖鈴聲，幾個小朋友分別拿著魂幡，捧著牌位，撐著雨傘前進著，而爸爸卻只能像個孩子王跟在隊伍的最後頭。

　　「弟弟，上車囉！上車囉！」我喊著，將弟弟的靈柩迎上靈車去。

　　這時妹妹才從會館裡跟著阿姨走了出來。經過我身旁的妹妹，低落無助的心情毫無遮掩地全寫在臉上。她或許不懂天堂在哪裡，但是她肯定知道從此自己「少了一半」。

　　兄妹倆一人一半的旅程，就要到終點了。我安排妹妹坐上靈車，陪這個跟她打從娘胎就形影不離的哥哥走最後一段路。靈車緩緩向前，媽媽走在靈車的後頭，灰色的天空格外寂靜，這場告別式上的人們，內心卻堆疊著無聲的吶喊。

　　再短的生命，依然會被家人捧在手心。這短短三年的歡笑與淚水，家屬要用多久才能將傷痛過濾，只留下美好的風景裱框在永恆的記憶裡？我知道絕對要花比三年更長、更遠、更久的時間，但仍誠心祝福著，希望悲傷能盡快過去……

19 養的比生的大

> •••
>
> 為了延續跟爺爺的緣分，所有子孫把自己的姓氏拿掉，在
> 訃聞上所有人都跟著爺爺一起姓。從此以後，無論生死，
> 爺爺跟李家子孫都是緊緊相繫的一家人。
>
> ••

認識阿巧，早在青少年時期，那個時候我們兩個都一樣不愛唸書，總愛鬧事、搞叛逆。我嫌自己的家沒有溫暖，有事沒事就愛往阿巧的家裡跑。我就是在那個時期認識了爺爺奶奶，還有叔叔阿姨這一家人。

那時和阿巧的爸媽圍著餐桌一起吃飯，心裡特別暖，飯菜特別香。更期待的是，接著再一起到爺爺奶奶家烤肉喝酒，邊吃邊喝、邊東南西北地聊；那些日子，是我孤單的青春歲月裡最美好的時光。

　　叔叔阿姨把我當親生女兒看待，我跟阿巧之間的對話，也從：「你爸你媽你爺爺奶奶……」直接變成：「爸爸、媽媽、爺爺、奶奶……」本來只是朋友的我們，也變成姐弟一般。對我來說，他們就像親人一樣的存在。

　　十年過去，該來的日子還是來了。

　　原本身體比爺爺硬朗的奶奶，因為不小心跌倒，造成腦溢血，竟然就這麼離開人世了。而已屆高齡，經常出入醫院的爺爺，那時人還躺在醫院病床上，雖然身體無法自如，但是他的神智是清楚的。

　　病床上的他，眼球用力轉動著，大家都知道爺爺在拼命尋找奶奶的身影，他一定緊張著這幾天為什麼奶奶都沒有來看他。我們只好握著爺爺的手，噙住淚哄著他：「奶奶去旅行了，所以暫時無法來看爺爺……」

　　終究，我們沒能瞞得過爺爺，像感知到已經發生了什麼事情的他，身體日漸衰弱，眼神愈來愈黯淡，沒多久，醫生就開出病危通知。這時大家覺得該是把實情告

訴爺爺的時候了，阿姨靠在爺爺的耳畔，輕輕地告訴爺
爺：

「爸！媽先走一步了。」

像兩老相約好一般，就在奶奶離世的隔月同日，爺
爺也離開了。

「祂們一定是偷偷約好，現在手牽手一起去環遊世
界了！」叔叔阿姨邊抹去臉上的眼淚，邊這樣安慰著傷
心的自己。

當時，奶奶的告別式才剛落幕，難過的心情都還
沒平復。隔月半夜，我又再次接到家人的電話。那個深
夜，我顫抖地開著車往爺爺家疾馳，一路上好像有黑白
無常跟我往同一個方向奔走，我一心想要比祂們更早接
到爺爺。

就快到爺爺家了，從醫院留一口氣讓爺爺返家斷氣
的白色救護車就開在我前頭，後面緊跟著的則是黑色的
接體車。一白一黑，一前一後，生死交錯的瞬間。

　　子孫們齊聚在門口，拉開喉嚨喊著：「爺爺到家囉！爺爺到家囉！」那一刻，我也跟著大聲哭喊，因為爺爺也是我的家人。其實現場所有的兒孫們跟我一樣，都是爺爺的家人。

　　都是「沒有血緣關係」的家人。

　　爺爺是退伍軍人，長奶奶很多歲，兩個人彼此作伴互相照顧，並沒有實際的婚姻關係，而兒孫們都是奶奶跟前爺爺留下的血脈。但所謂養的比生的還要大，爺爺跟這一家人的感情凝聚力，是比親骨肉還要深厚、還要綿密的。

　　兒孫們積極向國家爭取，不需要那筆輔助金，只求能取得爺爺喪禮的主導權，因為爺爺是我們的家人，祂的後事就是我們該做的事；祂人生最後一段路的每一步，都要由我們陪著祂走。

　　相隔一個月，我幫爺爺安排了跟奶奶一樣的安靈

室，跟奶奶一樣的告別式日期。爺爺的棺木上覆蓋了象徵光榮的黨旗與國旗，所有的儀式、追思光碟，奶奶有的，爺爺也都有，甚至更為隆重，因為沒有血緣關係的爺爺，這麼多年來是如此盡心盡力，將這一家人視如己出。

一般告別式大多只推派一位代表誦念追思文，甚或大部分都由禮儀公司的司儀代言。但是在爺爺的追思會上，每位兒孫都一一對祂訴說了一定要讓祂聽見的感恩跟想念。

我想，在場應該沒有人會相信，原來所有家屬跟爺爺都完全沒有血緣關係。生前視爺爺為親人，爺爺走後，為了延續跟祂的緣分，在訃聞上所有子孫把自己的姓拿掉，所有人都跟著爺爺一起姓。這樣，一家人的命運就這麼緊緊地牽在一起。從此以後，無論生死，爺爺跟李家子孫們都是一家人了。

兩老一起生活了大半輩子，這一世是沒有名份的夫妻，下一輩子，希望奶奶跟爺爺可以有名有份再結緣。

我緊緊牽著這一家人的手，相信爺爺奶奶將過著幸福快樂的天堂日子。

我和從小就認識的阿巧一家人。

20 信 · 念

● ● ●

你的一輩子，會在哪個階段遇到什麼樣的人，聽見什麼樣
的話呢？通常會扭轉你的人生的，就在人生的最末端。

● ● ●

那天，我接到一封臉書訊息，訊息的內容大概是這
樣子的：

「許小姐妳好，我能夠了解一下，孩子走了之後
該辦理的流程嗎？因為我的孩子是先天性心臟病，可
能需要再開二次手術；但因為孩子還很小，第一次手術
時……差點就離開了，我怕他挨不了第二次的開心手
術，我怕到時候的我，無法好好、平靜地處理……」

看到這個訊息時，我第一個反應是揪心，馬上回訊問了媽媽：

「孩子是否在醫院？狀況如何？」

媽媽告訴我，孩子已經動完手術回到家中了，只是醫生的評估是可能還需要動第二次的大手術。而醫生在動第一次手術時，就已經語重心長地要他們做好最壞結果的心理準備。

而這個孩子，才八個月大。

從這次的交談裡，我聽到一個重點，就是小寶貝已經回到家中，醫生只是希望家屬做好心理準備，「可能」要再動第二次手術，他還有活下去的機會！

我告訴家屬，有機會讓我去看看小寶貝，因為我習慣，也喜歡跟我的預談家屬做朋友，我也希望先認識被服務者；但是這次的這個案件，我的想法和平時不同，因為，我一點也不希望接到這個孩子。

　　我相信，他會好起來。他這一趟艱辛的醫療之路，絕對不會白走。

　　隔天，媽媽傳了一張孩子全身插管的照片給我，在手機螢幕的這頭，我竟然就站在大馬路邊，三秒內就掉了眼淚，可是奇怪的是，在我看到照片之後，我百分之三百地相信：這個堅強的孩子會好起來。

　　手機螢幕上，這個孩子雖然全身插滿管子，卻睜大著他圓圓的眼睛，雖然他只有八個月大，但從他眼神透露出的，是無比強悍的求生意志；我從他炯炯有神的雙眼，聽見他「不想被放棄」的聲音。我選擇相信他，選擇相信孩子這樣的努力絕對會受到上天眷顧。

　　媽媽一開始與我的聯繫，我感受到的是「絕望」，是一次一次的手術，和孩子在死亡邊緣遊走與死神拔河的煎熬，讓身為母親的她不敢抱有任何一絲絲希望，深怕哪天上天無情地將孩子帶離他們身邊，怕自己無法承受那樣的傷痛，所以不斷為自己的內心建設「失去」。

現在這個社會，還是很多人不願也不敢去面對死亡，但這位媽媽，卻已經讓我感覺到失望透頂、走投無路，才會鼓起勇氣留言詢問喪事注意事項；說到這，我覺得我是一個非常不專業的殯葬業者，因為我沒有跟這個媽媽提起任何注意事項，沒有公佈我的公司名稱，沒有約定預談時間，也沒有告知預算費用。

我反而很激動地告訴媽媽：「不要放棄他！」

「媽媽，我不想以討論寶貝後事而結緣，因為比起承接這個案件，我更希望寶貝可以好起來度過這關，我不會希望有機會為小寶貝服務，但是妳需要我時，一通電話，我都在。」我真心地告訴媽媽，因為我很心疼，才小小身軀就必須受那麼大疼痛。

「孩子生病來得太突然，當時我只因為他吐奶送醫院，不知道隔天就病危，他很堅強～但我還是很怕。」媽媽的語氣流露出無助。

「他都那麼堅強！我們要相信他的努力！不要放

棄！！」我激動地在電腦桌前打著字，想把信念傳達給她。

　　我請媽媽要每天告訴他：寶貝你好棒！是爸爸媽媽的驕傲！不管結果如何，爸爸媽媽都以你為榮，因為你是那麼地努力。

　　幾個月後，我在我的臉書上看見小寶貝的消息。

　　他康復了，孩子好起來了！我難掩心中的澎湃與心中的悸動，敲打著手機鍵盤。只用簡短的四個字，搭配默默的兩行熱淚：
　　「太！感！動！ㄌ！」

　　一般人沒辦法理解這幾個字裡面的含意，因為這個從失望走到勇氣的洶湧，只有我跟媽媽了解；媽媽說，我給了她一針的強心劑，因為我告訴她不要放棄。

　　我用文字牽著這個媽媽的心，從無力的心谷底翻越

深不見底的黑洞，讓她看見一絲希望。這個媽媽和康復了的小寶貝，教會了我一件事 ——「信念能給予人類希望」。

這是我的特殊案例，我的客戶，沒有往生的客戶。

這是我的特別經驗，我沒有去服務，但我一點也不難過。

而你的一輩子，會在哪個階段遇到什麼樣的人，聽見什麼樣的話呢？通常會扭轉你的人生的，就在人生的最末端。

這個特殊案件，非常圓滿。

Black.

最後

人生的盡頭，誰也避不了，
無須害怕、也無須忌諱，
如果你也能感受到生命的重量，

黑夜的盡頭，將迎來溫柔的曙光。

如果你也想入行

●　●

想知道適不適合加入殯葬業，先問自己能不能做到這三不原則：不找藉口，不說理由，不逃避去面對。這就是殯葬人生的尊嚴跟至理名言。

●　●　●

　　如果要用一句話惹毛殯葬業者，那應該就是：「你們做這一行很好賺吼！」

　　我常跟想加入這行的朋友說，如果是為了錢才動念，那麼還是趁早死了這條心吧！因為待這個行業要付出的時間跟心力，絕對絕對絕對（很重要所以講三遍）跟獲得的金錢不成正比，認真換算起來，時薪可能比便利商店的工讀生還要低。

　　禮儀師更可說是沒有生活品質可言，有時候聽到和醫院內線一樣的電話鈴聲，哪怕是在便當店，我都會嚇得發冷，以為那是召喚我去接體的緊急來電。

　　也就是說做這行，是沒有下班時間的。

　　常有許多年輕朋友看了我的新聞、讀了我的文章，都會向我訴說他們有滿腔的熱血想入行，但是對於這樣的熱情，我通常都先冷眼以對。因為關於殯葬業的美麗與哀愁，是要遭遇過、堅持過，才能講得清楚、說得明白的。

　　有次單位來了兩個實習生，學弟妹都是生死學相關科系畢業，照理說這行業的諸多理論他們都沒有少讀過。其中的那位學弟，也曾在臉書上諮詢我許多關於這行的酸甜苦辣，表示了高度的熱忱。

　　很「幸運」地，他們剛來實習第一天，就遇到必須協助檢察官相驗出了意外的遺體。驗屍的程序需要把所有紗布拆掉，以便拍照存證。只要是被紗布緊緊纏裹住的

遺體，內行人一看就知道等下要準備「拆禮物」了。

　　通常這等規格的包紮手法，不是這裡斷掉就是那裡有缺失，需要一些膽量跟經驗才能處理。面對眼前的遺體，我問學弟妹：「怕嗎？」兩個人都很有自信地跟我搖了搖頭。

　　拆掉層層紗布後，亡者的小姆指果然斷了一截，僅靠著殘存的皮肉與手掌相黏，我跟學弟剛好站在靠近小姆指的方位，需要一邊幫遺體翻身，一邊小心不讓晃動的小姆指斷掉。學弟的臉色愈來愈難看，皺緊的眉頭上彷彿大大寫著：「我的老天爺啊！」我能感受出他面對遺體是相當恐懼的。

　　其實，剛實習就接觸到重大案件算是好事，早點遭遇才能早點確認，自己究竟有沒有足夠的膽識捧穩這個飯碗。

　　幾天實習下來，處長也把自己做這行做到離婚的心酸史跟他們分享，就是希望他們能有置之死地而後生

的決心。我請他們回去認真考慮去留，學妹說會好好想想，學弟則是當場拍胸脯宣示，他一定要留在這行。

正當我為學弟的執著喝采時，他卻開始三天兩頭的請病假。我擔心是沉重的心理壓力讓他的身體吃不消，趕緊幫他加油打氣：「你是我在這行的第一個學弟，我很看好你，要保重身體，讓感冒快快好起來喔！」當時學弟回應我一個大大的感動微笑。

本以為一切會漸漸步上軌道，學弟卻又開始走針，早上 9 點的班，總是 12 點才見到人，每天遲到都有各種理由。我只好鄭重告訴他，如果有心就好好去跟處長道歉，如果沒心就趁早離開。學弟似乎有聽進去，很有誠意地跑去跟處長自我反省了一番。

沒想到，第二天他竟然整個人人間蒸發。

關於這位小學弟的故事，結局當然就是遭到革職。於此，也讓我對只是空談夢想的朋友保留了再觀察的空間，深怕又是一個「亂入」的案例。

　　要在這個行業立足，從來就不是一件輕鬆浪漫的事，我也曾經是個不懂事的 16 歲小丫頭，有次我睡過頭，也跟學弟一樣隨口掰了個理由，就沒有出現在告別式上。那時我心想：「反正我是新人什麼都不會，也派不上用場，沒去應該沒差吧！」就這樣忽略了一個做人做事最大的原則——「負責」。

　　沒想到，我卻因此被老闆封殺了整整一年，挖苦和謾罵一天沒少過，當時內心很委屈，覺得有這麼嚴重嗎？需要這樣小題大作嗎？也覺得這個圈子的人好可怕，萌生了「不想繼續待在這裡了」、「這個工作可能不適合我」……等許多的負面想法。

　　跟「去還是留？」角力了一個月後，我決定跟自己承認：「是我的錯！」我轉換心態，重新出發學習，努力甩掉身上花瓶的標籤。我不用「嘴」來解釋，而是用「做」來讓公司重新定義我。

　　終於，我接到老闆親自打來的電話，他已經對我視而不見很長一段時間了，原以為又要挨罵了，結果他卻

是打來特別通知我，哪一天哪個殯儀館哪個廳，需要我去執行任務，千萬不能遲到喔。

　　我知道這通電話的意義，與其說是不放心的叮嚀，不如說是對我解開心結的儀式，我終於熬到公司肯把重要案件託付到我手上的這一天了！回首從前，感謝當初主管對我的嚴苛，感謝他們對做人做事的堅持，還有他們對案件的重視跟負責，是這些珍貴的養分讓我堅強起來，才能像現在這樣獨當一面。

　　不找藉口，不說理由，不逃避去面對！乃是殯葬人生的大事。我之所以會一開始就對想要加入這個行業的新鮮人潑上一桶冷水，其實是想反向去激勵他們，讓那些沒有被嚇跑的人進來後，覺得：「其實也還好嘛，沒有妃妃講得那麼可怕啊！」

　　期待他們會更有韌性，跟我一樣努力地在這個黑色的行業裡，當一隻清新的淺水魚，看見其中清澈美麗的風景。

Q&A

About 每個人都會遇到的身後事

Q1 如果家裡有人過世，第一步該做些什麼？
這個問題，我想打上三顆星號，因為太重要。

第一件事就是打電話給你信任的禮儀公司、殯葬業者。其實我不推薦大家在「親人過世時」才想到要如何處理，勇敢的面對死亡，事前的預談，提前的準備，不但能夠讓當事人擁有自己的殯葬自主權，也能讓事情發生的當下不會手忙腳亂，而禮儀業者也能根據事前討論好的方式，在當下給予家屬最大的幫助。

每當我談起我的工作，或是討論死亡，親戚朋友們

總説：「烏鴉嘴，不吉利，不要講這個」、「不要收這種名片，還不需要啦」諸如此類的種種回應；但避諱死亡與殯葬的結果，就是事情發生時，你才知道自己毫無準備，只能任人宰割。

可能會有人説：「有人平常會認識這種人嗎？」

親愛的，我們不是哪種人，我們是在你們遇到人生最不想遇到的事情時，唯一能幫助你們的人啊～

Q2 家人過世之後有哪些一定要辦理的手續嗎？

整趟喪禮下來，家屬要辦理的手續很多，從事情發生之後的開立診斷證明、死亡證明，到申請殯葬任何的使用許可、一個月內的除戶，或者是後續的遺產分配、喪葬補助之類等等……相當繁瑣。所以請找有經驗、可信賴的禮儀公司，他們會幫助提醒你。

Q3　死亡證明書怎麼申請？向誰申請？

　　死亡證明書的申請，需準備亡者身份證或戶口名簿證件核對資料，最好準備 10 ～ 15 份。通常自然往生走的是行政模式，如果是在醫院，會請醫生開立死亡證明書；若是在家裡往生，就是通報衛生所或是指定之醫療機構的醫師檢驗屍體後，開立死亡證明書。

Q4　選擇在家斷氣和不在家斷氣有什麼不同？

　　「回家斷氣」這一說法，是傳統老人家會希望死得其所，所以希望在家裡壽終，但因為現在因為疾病而死亡的比例愈來愈高，能在家裡睡覺自然往生的例子就少了。另方面，現在醫療技術發達，基本上第一時間會送往醫院急救，若無效，沒有要在家安靈，遺體大部分都會送往殯儀館。

　　但是因為這個「回家斷氣」的民間習俗，衍生出很多象徵性的替代方式；比如在醫院往生，經醫生宣判呼吸心跳終止、留下病患身上象徵性的呼吸管，坐救護車返

家之後，由專業人員象徵性地拔管。

　　若病患是在醫院，還能呼吸、還能喘，我非常不建議接病患回家斷氣，因為回到家沒有專業醫護人員，在拔呼吸管的那一刻，我看過無數次袦們不舒服的模樣⋯⋯。

　　以前更曾遇過，請我們到家屬家待命，準備幫奶奶更衣化妝，説要從醫院回來了，結果三進三退都沒有斷氣，甚至救護車送到家門口時，奶奶還用台語説：「啊到厝了喔～」

　　所以一樣是「回家斷氣」，不同解讀會有不同處理方式，家屬與業者之間必須溝通好。

Q5 **身後事要準備很多品項，一定非得要花那麼多錢嗎？**

　　記得當初去上遺體美容、修復課程，另一位法醫老師給了我很重要的觀念：「不需要讓家屬花大錢，添補一

些原本就不屬於亡者本身的東西。」這個觀念影響我很深，所以對我來說，這種事情沒有所謂「一定」。

　　現在的禮儀公司大都有包套式契約，契約價格落差其實是在商品等級，及一些家屬可以自行選購增加的內容。有的家屬可能認為：「我們不需要這個，我們想簡單辦理」；也有的家屬會認為：「我們希望可以辦得風光一點」，或許亡者是生於望族，或許祂生前喜歡熱鬧，也或許這是亡者生前自行參與設計的方式……這都很難說，所以後事辦理的費用是建立在需求上，不是孝順不孝順的表現。

　　常常有家屬問我：「我這樣辦應該不會太寒酸吧？會不會失禮不夠莊嚴？」喪禮不是只有告別奠禮那天，當你在疑惑這些問題時，應該去想想：這場喪禮對你來說代表什麼？你想給予付出什麼？你才會知道你該把錢花在哪裡。

　　好比我曾經遇過一組家屬，家屬只說：「我們要選最快的好日子火化，不要告別奠禮，也不需要發訃做七做

功德，我們希望 3 萬塊左右能完成媽媽的身後事。」

我一口答應接下這個 case，但在簽約時，女兒手指向要價 30 萬的骨灰罐，說：「我要買那個給媽媽。」

你說這樣他們寒酸嗎？你說他們不孝順嗎？其實真的不然，只是因為他們知道自己在處理親人後事時最重要的是什麼。每組家屬、每個人在意的地方不同，這時，妥善溝通最重要。

Q6 想幫毛小孩辦理後事，台灣有這種服務嗎？

台灣現在已經有專門協助毛小孩後事的寵物生命禮儀，甚至也已經有主人幫毛小孩辦告別奠禮，很多流程幾乎已經比照人類辦理。細節一樣是要妥善和寵物禮儀師溝通。

Q7 什麼是遺體 SPA ？一定要做嗎 ？

　　遺體 SPA 是在喪禮過程是需要額外付費選擇的淨身服務。主要是替亡者做最後的洗淨按摩，溫水洗淨三點不露，家屬可以全程參與。

　　服務人員會替亡者做精油按摩、修剪指甲，口腔清潔等等，也可配合家屬需求及亡者生前喜好做調整。業界有很多不同的專業遺體 SPA 公司，每一家的方式及內容都不盡然相同，但是跟一般淨身的落差真的很大。一般淨身就是表面基礎清潔，不能有太多要求，一般都會在殯儀館的化妝室，所以家屬不太能參與。

　　做不做見仁見智，但是只要是我的家屬，我都會強力推薦，雖然家屬聽見費用都會猶豫一下，可是看見親人做完 SPA 安詳的樣子，都很感動。這是最直接花在刀口上的一筆錢，且是看得見的，是享受在祂身上的。

Q8 塔位要如何選擇？

　　一般家屬都會先考慮經濟狀況和亡者喜歡哪種環境；但其實對我來説，優先考量的應該是「以後去祭拜的家屬喜歡哪種環境」。因為塔位是後代子孫慎終追遠的關鍵地點，有些家庭可能一年就只有節日祭祖那天會再見面，選太遠、太高或者選的環境不好，導致最後沒有人去祭祖，其實都可能失去當初購買這個塔位的意義。

　　很多家屬都會向亡者擲筊來決定，有時候會用一間高價位的塔位和一間較為平價的比較，假設高價位可能是亡者喜歡的，但是遠到十萬八千里，家人前往不便，或者家人本身膝下無子，以後沒有人奠拜，塔位再貴再豪華其實都沒有意義。

　　所以我都建議我的家屬，喪禮的任何過程都不能將就，應該先依照現實生活的每一個狀況評估，篩選出最適合整個家族的環境，再去問亡者。若擲筊結果是亡者不同意，我們也要告知選擇的原因，去跟亡者做溝通，盡可能地説服袛。我相信，任何一位亡者，都不會想在離開人世之後再造成家人困擾的。

About 喪葬禮俗

Q9 擲筊，怎麼問才準？

　　其實，擲筊問話真的需要技巧才問得到。大家必須了解，面對牌位真的不適合一來一往的討論，擲筊能給的答案無非就是這幾種：好跟不好，要跟不要，有跟沒有，喜歡跟不喜歡。

　　常常有家屬這樣子做：「爸爸，這裡有兩件壽衣，你喜歡哪一件？」噗通～～～～當筊錢掉到地上時，家屬看著一正一反才發現自己剛剛到底問了什麼。

　　跟大家分享我的作法，當我遇到家屬希望尊重亡者意見時，我會告訴他們，擲筊能給的其實是心安，家屬應該要先憑自己對亡者的瞭解做篩選，比如兩件物品，家屬應該先選擇一件覺得祂會喜歡的，再去靈桌前擲筊。問的問題會是：

　　「我們幫您選的這件喜歡嗎？如果您也喜歡請給我一個聖筊。」

　　不過其實真的不用太操心，因為，只要是家人替自己選的，亡者一定都喜歡。

Q10 家屬的信仰不同，喪禮該如何處理？

　　我遇過很多次這類的問題，但是我很幸運，看見的都是和平、圓滿。記得一組家屬，家族相當龐大，那時候在醫院準備將遺體接運到殯儀館，一邊是佛道教，一邊是基督天主教，媽媽身上只蓋了沒有任何宗教信仰的白布，子女們則分兩次弔念，佛道教的先進來用幾句佛經願媽媽一路好走，接著換基督天主信仰的子女以禱告祝福媽媽。

　　信仰決定的是每個人給予祝福的方式，不是儀式的處理方式，禮儀師與家屬溝通好，家屬之間協調好，才能在亡者生命的最後，延續家庭和平與和諧。

　　如果亡者本身信奉佛教，儀式建議以亡者本身信仰辦理，但是不需限制每個人的祝福方式（例如：不需設限

前來祝福的人不能禱告，或者一定要拿香），因為不管是什麼信仰，都應該被包容。

Q11 蓮花和元寶到底要折多少才夠呢？

這題我一樣回答見仁見智，沒有一定。現在已不是活在以前殯葬業者說多少就多少的時代，現在的家屬已經有自己的需求意識，就像我說過的，每個人看的重點不一樣。我曾遇過非常注重環保的家庭，他們一張紙也不燒、一件衣物也不燒！

我最常被家屬問到，這樣會不會不夠？這樣子祂收得到嗎？我通常會很直接地回答：「祂收不收的到我其實真的不知道。」接著會跟他解釋折蓮花、元寶的用意也是為了安定家屬們的心靈。

假設告訴家屬：你這樣折不夠，祂會不夠用，一定要折 108 朵、庫錢要燒個三五百包還庫官才夠！結果家屬們日也折、夜也折，現在社會工時長，家庭人數又已

經減少，不就造成子女們的壓力了？

　　蓮花元寶折多少是心意，庫錢燒多少也是心意，我最後都會半開玩笑地跟家屬說：「別擔心，如果不夠用，祂會托夢跟你說的。」

Q12 白髮人真的不能送黑髮人最後一程嗎？送了會有什麼影響嗎？

　　傳統說，晚輩比長輩先一步離世是不孝，所以很多固定禮俗長輩不能做。每個傳統都會有它的意義，美的傳統我們就得延續它。

　　喪親的悲傷有分輕重，最痛的就是喪子之痛！傳統要求長輩不得相送、相拜，其實是因為怕長輩傷心過度，所以不讓長輩去送這最後一程，去做這個疼痛的別離。但孩子的離開已經是事實，我的做法是會努力不讓家屬遺憾，如果明明看見家屬很想陪伴孩子走這一段路，我會上前告知習俗來由，讓家屬自己斟酌，降低可

能造成的心理遺憾。

Q13 人往生之後一定要放在家裡助念 8 小時嗎？

常常聽到人說：「不行！一定要助念 8 小時！我們要助念 8 小時！」因為過去傳說在人往生後這 8 小時，靈魂跟肉體還沒完全脫離，但事實上，要不要助念 8 小時得看亡者的遺體狀況及生前狀態。

我在往生室遇過很多組家屬，不聽我們的引導，堅持要助念滿 8 小時，但沒有考慮到亡者生前可能因病服用很多藥物，這樣的情況下，在身體機能停擺後，腐敗的速度會很快。

我從來不會對我的家屬態度不好，但唯獨這點，我寧願冒著得罪家屬的風險，也要告訴家屬嚴重性，雖然我本身也有信仰，可是我相信不管是神還是佛祖，都會支持我的評估。說個最直接的，若祂車禍滿身血、全身傷，面對這種遺體仍要助念 8 小時嗎？

助念本意是善的，是為了靜待家屬全員到齊，就是傳統的「最後一面」，但不是每位亡者都能在室溫下放置 8 小時。如果你是家屬，請相信專業評估；如果你是業者，請用你最專業最真誠的建議，讓你的家屬明白為什麼要助念？為什麼不可以助念？

About 成為殯葬人員

Q14 要怎麼樣才能進入這行？

如果你是學生，把該完成的學業完成，從最基本的人力做起，瞭解整個葬儀流程。不要小看人力人員，他們是整個葬儀的螺絲；有的承辦人不會淨身、不會化妝、不會禮生，也許對他們來說，他們覺得這些不用他們自己動手，但是我要說，從人力出身的人更有圓滿的能力！因為很多細節，會比別人還要嚴格監督！人力，幫助了很多蝸牛公司 —— 一通電話使命必達。

Q15 有證照就能當禮儀師嗎？

我真的要說，證照跟經驗，經驗真的比證照重要一百萬倍。有乙級證照的大學生，還是要經過兩年的從業資歷才能掛名禮儀師，重點是，兩年資歷基本上學到的還只是皮毛。

證照是政府的政策，也是證明自己的方法，沒有證照不能開業，多少資本額就要聘雇幾個禮儀師。證照不代表能力，雖然可以確認自己的基礎，但千萬不要為了考證照而念書。若只照著課本裡的死做，很快就會被打槍，每個地區、每個村落都有自己的禮俗，東邊是一種，西邊又是另一種，客家一種、閩南一種，外省又一種，甚至遇到你聽都沒聽過的；要怎麼處理，靠的不是課本，是經驗和反應。

書要多唸沒有錯，可以從書上獲取很多葬儀的常識，但是葬儀的所有科儀，是做到老學到老的，甚至很多古禮現在都已經慢慢被省略了。

證照是加持，經驗才真的值得崇拜。

Q16 如果考上了，可以不要從基層開始做，直接當禮儀師嗎？

做葬儀不要只以當禮儀師為目的，是要能圓滿處理整個葬儀流程、任何的細節，就像上面我說的，不是考完證照，有了兩年資歷，有了禮儀師的頭銜就滿足，因為經驗才是重點。我認識很多很厲害的前輩沒有證照，為什麼呢？因為他們每個月經手那麼多的案件，根本沒時間考，證照對他們來說只是加持，沒證照的他們一樣有他們的本事。

Q17 做這行遇過最大的困難是什麼？

老實說，我很幸運，我唸書的時候在服飾店打工，我的老闆家就是開葬儀社的，大老闆是做道士起家，我學到很多一般人一開始學不到的禮俗。

不是想進入這行，就適合這行，我也曾經任性愛玩過，睡過頭遲到被封殺了一陣子，因為年紀太小不懂事，也當過花瓶，也被人說過很懶不做事等其他很難聽

的話，做葬儀要面對的事情太多，要克服的困難百百種，關關難過關關過，過了還要再繼續過。

在這個圈子裡，一件傳聞從頭到尾不用五分鐘，然後，絕對不會是一個版本！所以你的心臟，要夠大顆。不是因為要面對遺體，而是面對各式各樣的人心。

Q18 進入這行需要具備什麼樣的能力？
準備好一顆不顧一切為家屬 & 亡者付出的真心便可。

Q19 要怎麼樣才能做到跟妃妃一樣厲害？
我真的沒有很厲害，甚至稱得上兩光，我只是比別人多做了一些他們沒辦法專心做的事情；比他們堅持了一些他們已經放棄的事情而已。
還是四個字：視喪如親。

Q20 家裡的人不同意我做這行怎麼辦？

做這行已經很辛苦了，別再跟家庭革命了！家人的支持非常重要。一起加油吧 :)

結語

我是許伊妃，是一個在殯葬業浸泡了八年的女生。

很多人問我：「你在殯葬業的這些日子，看過最多的是什麼？是遺體？告別奠禮？家屬？」

不，是無常，是後悔，是遺憾。

書裡頭，我用了幾個故事分享無常，最後也有幾句話想分享給大家：

「明天先到？還是無常先到？我們無法預知。唯有珍惜每一天，每一個分秒，珍惜身邊的人，好好把握當下，才能讓我們無憾。」

書內幾個自殺的案例、憂鬱症的過程，我也想給

現在正在憂心纏身的讀者加油打氣。勇敢求救，並非弱者，生命必能找到出口。另外，人生末端暗藏最多的就是遺憾了，遺憾有很多種樣子，不敢愛的人、來不及說的話，和不夠努力的過去。

這本書讀到最後，我相信大家或許困惑，我這些雞婆的舉動和自己找自己麻煩的行為，會讓我得到什麼？不會得到什麼，但是你能感受到家屬給你最直接的力量！和他們對你最深刻的記憶與信任。

不是每個人的人生都一帆風順，也不是每個結尾都精彩得這麼容易。走了八年，我從來沒有喊過一聲痛，因為我挑戰了我的人生；我的脊椎有很嚴重的受傷，試過了千百種方法依然無法痊癒，但在遺體化妝的過程，往往一彎腰一低頭就是兩個小時，甚至更久；即便抬起身來，腰部咯咯作響，只要看見家屬滿意的表情、溫馨的微笑，任何疼痛在此時此刻皆不藥而癒。

不管是任何工作，不會因為你是女孩子而有什麼特別，也不會因為你有什麼不足，而變得輕鬆。你必須挑

戰超出自己身體極限的要求，才可以創造無人能敵的工作成果！

　　什麼是殯葬業，什麼是生命禮儀？

　　對我來說，「真正的圓滿」無非就是循環地付出、奉獻和祝福；而這些付出，不會是等價的交換，而是不求回報地去愛，這些不求回報的愛，會讓你收穫更多，擁有更多。

　　從踏入這行的第一天，我堅持，我拍的每一張照片背後都有一個故事，我用我的堅持、用我的日記、用我的習慣完成了今天這本沸騰著「生命」的書。我也更加相信：「這個世界上，沒有等來的成功，只有努力來的成果！」

　　最後的最後，我感謝那些生命教會我的事。世界上最快又最慢，最長又最短，最平凡又最珍貴，最容易被忽視讓人後悔的是「時間」。把每天當作最後一天來活，勇敢地，道愛、道歉、道謝、道別。

　　我是一個在生命盡頭工作的人，我從人生的最末端，看到了起點，我透過祂們的結束，有了新的開始。

　　謝謝你認真看完我的書，謝謝你用生命中最珍貴的時間，感受了裡頭來自我這八年的溫度。希望，你也能從這本書的最末頁，看見你生命裡頭最亮的那道光！

　　要在你的工作中發現感動，體會溫度；要在每一次的任務中，延續熱忱；要在冷冰冰的生命盡頭，散發光熱；要在那些冷嘲熱諷中，堅持自己！

　　我是許伊妃，我用我的職業，感受生命的重量。

在黑暗中，我看見生命的意義——妃語錄

珍惜別人辛苦扛起的每一片瓦、每一塊磚，
是這些成全了我們的舒適跟溫暖。

「謝謝你」是最單純也最真誠的感謝方式。

好走，是沒有悔恨的再見。
勇敢，是去面對祂的離開。

信念，能給予人類希望。

不管是任何工作，不會因為你是女孩子而有什麼特別，
也不會因為你有什麼不足，而變得輕鬆。

把每天當作最後一天來活，
勇敢地，道愛、道歉、道謝、道別。

永遠不會褪色的，是你與至親摯愛一輩子的回憶。
而存檔的地方，在腦海裡。

玩藝 55

黑暗中，我們有幸與光同行
20 個以溫暖道別、感受生命重量的故事

作　　　者 — 許伊妃
文 字 整 理 — 谷淑娟
攝　　　影 — 江鳥立夫
主　　　編 — 汪婷婷
責 任 編 輯 — 程郁庭
責 任 企 劃 — 汪婷婷
封 面 設 計 — 萬亞雰
內 頁 設 計 — 吳詩婷

第 三 編 輯 部
總　編　輯 — 周湘琦
董 事 長 — 趙政岷

出 版 者 — 時報文化出版企業股份有限公司
　　　　　 108019 台北市和平西路三段二四〇號二樓
　　　　　 發 行 專 線 —（〇二）二三〇六六八四二
　　　　　 讀者服務專線 — 〇八〇〇二三一七〇五
　　　　　　　　　　　　（〇二）二三〇四七一〇三
　　　　　 讀者服務傳真 —（〇二）二三〇四六八五八
　　　　　 郵　　　撥 — 一九三四四七二四時報文化出版公司
　　　　　 信　　　箱 — 一〇八九九臺北華江橋郵局第九九信箱
時 報 悅 讀 網 — http://www.readingtimes.com.tw
電子郵件信箱 — books@readingtimes.com.tw
第 三 編 輯 部
生 活 線 臉 書 — https://www.facebook.com/ctgraphics
法 律 顧 問 — 理律法律事務所　陳長文律師、李念祖律師
印　　　刷 — 和楹印刷有限公司
初 版 一 刷 — 二〇一七年十月二十日
初 版 六 刷 — 二〇二一年十月二十二日
定　　　價 — 新台幣 三〇〇 元

黑暗中，我們有幸與光同行：20個以溫暖
道別、感受生命重量的故事 / 許伊妃著.
-- 初版. -- 臺北市：時報文化, 2017.10
面；公分 -- (玩藝)
ISBN 978-957-13-7168-9 (平裝)

1.殯葬業

489.66　　　　　　　　　　106017483

ISBN 978-957-13-7168-9
Printed in Taiwan

再也無法對你說出口，
一封寄不出去的信

將你深埋在內心深處，再也無法對你親朋好友所表達的關心、歉意與愛意，以文字記錄下來，寄回時報文化，我們將請作者回覆您，並在「時報出版流行生活線」粉絲團刊登您的故事，希望透過您的故事分享，讓大家在今後的生命旅途中不再留下遺憾，能幫助讀者們獲得慰藉，讓我們將力量與勇氣傳達出去！

黑暗中，我們有幸與光同行

您從何處知道本書籍？

□一般書店：＿＿＿＿＿＿　　□網路書店：＿＿＿＿＿＿
□量販店：＿＿＿＿＿＿　　　□報紙：＿＿＿＿＿＿
□廣播：＿＿＿＿＿＿　　　　□電視：＿＿＿＿＿＿
□網路媒體活動：＿＿＿＿　　□朋友推薦：＿＿＿＿＿＿
□其他：＿＿＿＿＿＿

姓名：＿＿＿＿＿＿　　　□先生　□小姐
年齡：＿＿＿＿＿＿　　　職業：＿＿＿＿＿＿
聯絡電話：（M）＿＿＿＿＿＿＿＿＿＿＿＿＿
居住地區：＿＿＿＿＿＿＿＿＿＿＿＿＿＿＿
E-mail：＿＿＿＿＿＿＿＿＿＿＿＿＿＿＿＿

黑暗中 我們有幸 與光同行

20個以溫暖道別、感受生命重量的故事

※ 請對摺後直接投入郵筒，請不要使用釘書機。
（免貼郵票）

時報文化出版股份有限公司

108 台北市萬華區和平西路三段 240 號 2 樓

第三編輯部 收